The Algebra of Happiness
Notes on the Pursuit of Success,
Love, and Meaning

幸福方程式

追求成功、爱与意义的人生建议

[美] 斯科特·加洛韦（Scott Galloway）著
白瑞霞 译

中信出版集团 | 北京

图书在版编目（CIP）数据

幸福方程式：追求成功、爱与意义的人生建议 /
（美）斯科特·加洛韦著；白瑞霞译 . -- 北京：中信出
版社，2025.5. -- ISBN 978-7-5217-7163-3

Ⅰ . B82-49

中国国家版本馆 CIP 数据核字第 2025B87M92 号

The Algebra of Happiness: Notes on the Pursuit of Success, Love, and Meaning
Copyright © 2019 by Scott Galloway
Simplified Chinese translation copyright © 2025 by CITIC Press Corporation
Published by arrangement with Scott Galloway c/o Levine Greenberg Rostan Literary Agency through
Bardon Chinese Creative Agency Limited
ALL RIGHTS RESERVED
本书仅限中国大陆地区发行销售

幸福方程式——追求成功、爱与意义的人生建议

著者：[美]斯科特·加洛韦
译者：白瑞霞
出版发行：中信出版集团股份有限公司
（北京市朝阳区东三环北路 27 号嘉铭中心　邮编　100020）
承印者：北京联兴盛业印刷股份有限公司

开本：880mm×1230mm 1/32　印张：7　　字数：115 千字
版次：2025 年 5 月第 1 版　　　　　印次：2025 年 5 月第 1 次印刷
京权图字：01-2025-0989　　　　　　书号：ISBN 978-7-5217-7163-3
定价：58.00 元

版权所有·侵权必究
如有印刷、装订问题，本公司负责调换。
服务热线：010-84849555
投稿邮箱：author@citicpub.com

目 录

引 言
幸福方程式 //03
基本幸福公式 //10
人生中的重要决定 //14
学历 + 城市 = 赚钱能力 //16

第一部分
成功
保持渴望 //003
拥抱成年 //008
照顾父母 //014
把简单的事情做好 //015
相信自己值得 //021
找到自己的声音 //026
创业需谨慎 //033
识别危机预警信号 //037

学会应对经济泡沫 //043

衡量重要事项 //048

明确目的和手段 //052

从拒绝中学习 //056

成为一名优秀员工 //059

成为榜样 //064

第二部分 爱

爱是人生的目的 //075

1+1＞2 //079

亲子关系 //085

我爱你 //088

为爱付出 //091

情人节 //093

找回对爱意的表达 //098

离婚 //103

依靠 //107

家的含义 //109

生命的终结 //113

幼吾幼以及人之幼 //121

珍惜你的幸运 //125

找到心中的天堂 //131

珍爱身边人 //133

一切为了孩子 //137

第三部分 健康

保持强大 //149

可以哭泣 //154

和谐相处 //158

活在当下 //162

与人为善 //165

持续滋养 //170

结　语 //175

致　谢 //183

注　释 //185

引言

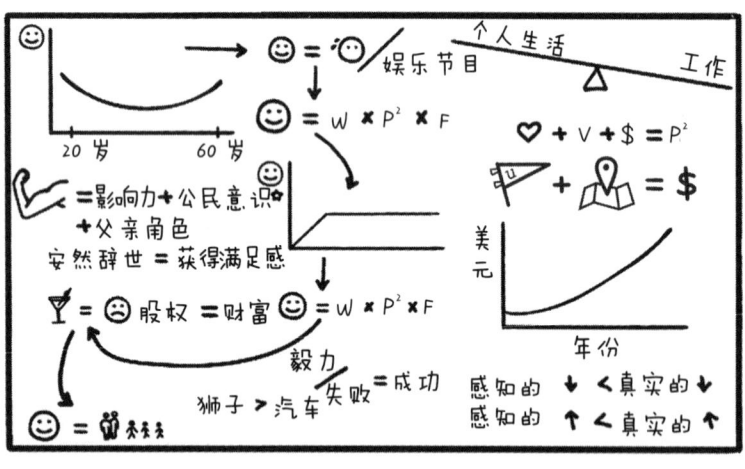

幸福方程式

2002年，我开启了在纽约大学斯特恩商学院的执教生涯。迄今为止，已有超过5 000名学生选修过我的品牌战略课程。

我的这些学生都极为出色，其中既有来自美国佐治亚州的海军陆战队队员，又有来自印度德里的信息技术顾问。他们选修我的课程是为了学习和了解货币的时间价值、战略以及消费者行为。然而，我的课程内容往往会从品牌战略转向人生策略：究竟应该选择什么样的职业？怎样才能为迈向成功打好基础？如何在树立雄心壮志的同时实现个人成长？为了不让自己在40岁、50岁甚或80岁时感到遗憾，我现在应该做些什么？在最后一节时长3小时、题为"幸福方程式"的课上，我们深入探讨了成功、爱情以及美好人生的定义，这节课也是我最受欢迎的课。2018年5月，该课程的删减版视频被发布在了优兔上，视频在 10 天之内的点击量就超过了百万次。与我合作的出版商一直督促我推出新作，作为《互联网四大：亚马逊、苹果、脸书和谷歌的隐藏基因》的续作。不过，令她意想不到的是，我告诉她，我第二本书的主题将会是幸福。

说实话，我没有任何学术资历或证书来表明我足以指导他人如何生活。我好几次创业失败，34 岁时婚姻破裂，而且历史上最成功的风险投资家曾联系了 General Catalyst 投资公司的合伙人（我在 L2[①] 的支持者），并阻止他们投资 L2（这可不是开玩笑），因为我为人"疯癫"。值得一提的是，General Catalyst 投资公司还是决定投资 L2，并由此获得了非常不错的回报。

事实上，你得使劲眯起眼来才会把我的人生看作幸福模板。我成长于 20 世纪 70 年代的加州，从小就平平无奇，整个人既瘦弱又笨拙。我成绩平平，考试也不理想，大学申请了加州大学洛杉矶分校，却惨遭拒绝。即便如此，好像也没什么大不了的。我爸爸安慰我说："像你这样具有社会智慧的人不需要上大学。"我哪有什么社会智慧，有的不过是一个重组了家庭且不愿意支付我大学学费的爸爸。但是，他真的帮我找了一份安

---

① 作者于 2010 年创立了 L2 公司，这是一个专注于评估品牌数字能力的营销情报平台。——编者注

装货架的工作，这份工作的时薪是 15~18 美元。这在当时可不是一笔小数目，足以满足我那时唯一的心愿：买辆好车。

十二年级那年，我常常在放学后去韦斯特伍德村买冰激凌。我的朋友们往往会在商店上演一出"顺手牵羊"。在他们开始将印有英国摇滚音乐家彼得·弗兰普顿的 T 恤塞进裤子时，我就回家了。我这么做倒不是因为我比他们更高尚，而是因为我的单亲妈妈实在无法承受洛杉矶警察局打电话让她领我回家的压力。从韦斯特伍德村回家的路上，我会穿过希尔加德大道，街道两旁站满了加州大学洛杉矶分校姐妹会的成员。那时恰逢返校周，成千上万的年轻女孩站在宿舍楼前放声高歌。那个画面看上去就像是诺曼·洛克威尔的画作与 Cinemax 播放的深夜电影的结合体。①

也就是在那一刻，我决定上大学。于是，我回到家又给加州大学洛杉矶分校的招生办写了一封信。我在信中坦陈："我是一个土生土长的加州人，由一位移民来美做秘书的单亲妈妈

---

① 诺曼·洛克威尔（1894—1978）是美国著名的插画家，以描绘美国日常生活的温馨及怀旧画作而闻名。他的作品通常呈现出一种理想化的美国社会形象。Cinemax 则是美国一家付费的有线电视网络，最初由 HBO（家庭票房电视网）在 1980 年推出，经常在深夜时段播出成人或情节较为大胆的电影和电视剧。作者在这里将洛克威尔的画作与 Cinemax 的成人娱乐节目相提并论，暗示当时的场景看似纯洁、怀旧，却又弥漫着暧昧的气息。——译者注

抚养长大。如果我丧失了此次录取机会，那我这辈子就只能安装货架了。"就在开学前9天，我收到了录取通知书。妈妈说我是家里的首位大学生，所以我可以"为所欲为"。

既然前途不可限量，我便在接下来的5年时间里沉迷于各种消遣，尝试了各种运动，刷了数遍《人猿星球》三部曲。在此期间，只有偶尔的艳遇才会让我稍做休息。可以说，除了两性关系，我在其他方面都混得风生水起。

到了大四那年，我的大多数朋友开始走上正轨，忙着提高成绩、申请研究生或者找工作。哎，出来混总是要还的。我最终以GPA（平均绩点）2.27的成绩回报了加州纳税人的慷慨资助和加州大学董事会的录取远见。由于挂科7门，学分不够，我需要在加州大学洛杉矶分校再读一年。对此，我又一次觉得没什么大不了的，毕竟还有更多的娱乐方式和科幻电影等着我沉迷其中。只不过在现实生活中，没有什么特别吸引我的东西在等着我。

在大学的最后一年，我遇到了一位野心勃勃的室友。他的出现在我和他之间激发出了一种奇怪的竞争心理。他一心想成为一名投资银行家。我对投资银行原本毫无概念，但是如果我的室友加里想成为投资银行家，那我也得跟进。我在面试时表现不错，但对学业成绩故作隐瞒，最后成功入职摩根士丹利，成为一名分析师。幸运的是，我所在团队的负责人和我一样，都曾是大学赛艇队的队员，他坚信所有的赛艇手都注定会成为出色的投资银行家。

在投资银行度过了一段平淡的时光之后，我决定申请商学院。我并不清楚自己想做什么，可是我的女朋友和最好的朋友都去了商学院。加州再一次对我投下赌注，我被加州大学伯克利分校的哈斯商学院录取。入读商学院的第二年，我遇到了教授品牌战略的戴维·阿克教授，并因此深受启发。上学期间，我就创办了一家战略咨询公司——先知。这家公司发展得不错，最后被我卖给了电通公司。1997年，我们决定在先知公司办公室的地下室里孵化几家电子商务公司。在20世纪90年代的旧金山，这可是剃着光头的MBA（工商管理硕士）都会干的事。总而言之，借助强大的处理能力和互联网的蓬勃发展，我开始步入正轨。

其中一家名为红包的公司在时代红利的引领下，最终在纳斯达克成功上市，成了2002年唯一一家首次公开募股的零售类公司。我真是何其幸运！我不仅有一位出色的合作伙伴（我的妻子），还赶上了时代发展的繁荣潮流，但是我始终不满足，想得到更多。哦，更多，更多，这该死的贪念！可是，我并不确定这个"更多"究竟意味着什么……于是，我选择更换跑道。

我辞去了红包公司董事会的职务，向妻子提出了离婚，并搬到纽约，加入了纽约大学斯特恩商学院的教师团队。（对30多岁的我来说，最正确的诊断应该是"性格缺陷"。）

2010年，我在斯特恩商学院任教，其间发表了一篇学术文章，对奢侈品牌的数字竞争力进行了排名分析。许多我研究的公司纷纷与我联系，我意识到机不可失，由此创立了商业情报公司L2。时至今日，L2已与全球1/3的百强企业建立了合作关系。2017年，L2被上市的高德纳咨询公司（纳斯达克的股票代码：IT）收购。

在创业界，人们在高光时刻有多振奋，在低谷时期就有多沮丧。我一直都在与轻度抑郁（主要是愤怒情绪）做斗争，我还花了不少时间思考如何在不依靠药物治疗或其他治疗的情况下应对轻度抑郁。（请留意，药物治疗或其他治疗，无论是二选一还是双管齐下，有时都有其必要性。）这个抗争的过程促使我开始寻求既能获得成功又能找到幸福的方法。我将自己的点滴思考分享在了名为"不怜悯/无恶意"的博客上。这种随意的分享并无体系，而本书的出现正是试图弥补这一点的努力。

在本书中，我将分享自己作为一个连续创业者、学者、丈夫、父亲、儿子以及一个美国人的观察心得，其中也包含大量的研究成果。但需要说明的是，我在本书中所表达的观点只是个人观察，而非经过同行评审的学术研究成果，也不是已经成功抵达彼岸的人所绘制的成长地图。

引言部分概述了我和我的学生每年春天都会一起探讨的基本幸福公式。如果我们可以将幸福公式进行归纳，那么它们会是什么呢？第一部分则从我的个人经验出发，即从我作为投资银行家、创业者和商学院教授的经验出发，以及我就大型科技公司对经济及社会的影响的看法出发，来剖析我所理解的成功、雄心、职业与金钱。

引言部分和第一部分都极具深意，但第二部分，即有关爱与人际关系的部分，更为深刻。年轻人，尤其是年轻男性，常常很难在资本世界中处理好人际关系与追求成功之间的矛盾，以实现个人和职业发展。本书的第三部分，也是最后一部分，则向读者发起挑战，促使他们面对镜中的自己，探讨如何照顾自己的身体，直面心魔，并安顿好自己在这世上余下的日子。

聆听一位抑郁且疯癫的教授提供的人生建议似乎并不可取。也许吧。但是，我已经做好了自己的功课，并准备在接下来的内容里成为你的"疯癫教授"。我希望这些记录在博客里的有关成功与爱的观察，能够帮助你获得更加丰盈的人生。

基本幸福公式

幸福、压力与悲剧

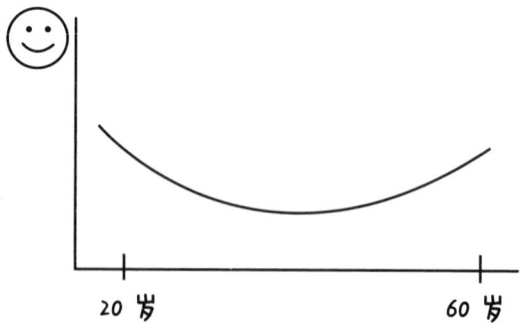

童年、青春期乃至大学阶段的你,就如同《星球大战》里的经典角色汉·索罗,生性自由、喜欢冒险、放荡不羁。你喝着啤酒唱着歌,走过千山万水,不断地探索自我。一切似乎都带有一种纯粹的魔力。然而,从 20 多岁一直到 40 多岁,现实扑面而来，工作、压力让你清醒地意识到自己这辈子并无可能成为一名参议员，或者拥有一款以自己的名字命名的香水，尽管你的父母和老师曾经对你寄予厚望。随着年龄的增长，你一路以来被告知的、你理应追求且有能力实现的生活目标所带来的压力逐渐累积，甚至让你不堪重负。与此同时，在你爱的人当中，有人患病离世，现实的残酷就此暴露无遗。

然而，当你步入50岁（如果你内心敏感，这个时间可能会更早）时，你开始意识到生命的美好无处不在——真的是无处不在。[1]比如，那些与你长相类似、气味相投的美好生命（孩子）；那些你可以乘风破浪的水域和所有奇妙的自然景象；那些你付出汗水或智慧而得以养家糊口的能力；那些你在万米高空以接近音速的速度穿越大气层，从而看到非凡人类所创建的奇妙世界的体验；凡此种种。更何况，一旦悲剧发生，我们在很多时候都可以通过科学，这一人类最优秀的思想和成就，来予以回应。你知道自己在这世上的日子是有限的。也正是从那一刻起，你开始闻玫瑰的香气，开始学习享受生活，开始让自己得到应有的幸福。

所以，如果身处成人世界让你倍感压力，甚至时不时地感到不快乐，那么我希望你明白这是一段再正常不过的旅程。请坚持向前，幸福就在前方。[2]

趁着年轻，努力工作

我们都认识这样的人：他们事业有成、身形健美，既参加乐队演出，又与父母关系融洽，还在美国防止虐待动物协会里做志愿者，甚至还有一个美食博客。假设你不是这样的人，那么在我看来，一个人想在事业发展初期就平衡好工作和生活的方方面面，那简直就是一个神话。"奋斗至上"的论调总在强调，如果想成功，就要"吃得苦中苦"。然而，事实并非如此。在追求成功的路上，你会沿途收获许多东西。但是，如果你年纪轻轻就追求工作和生活的平衡，那么你不得不面对这样一个现实：除非你是个天才，否则你不可能实现较高水平的财务自由。

一个人职业发展的走向大致在其毕业后的 5 年内就已经定型（虽然这很不公平）。如果你希望自己有更陡峭的上升轨迹，那么你就需要添柴加火。这个世界从来都不可能唾手可得，而是需要你不断付出与努力，而且是努力，努力，再努力！

如今，我已经达到了多方平衡。可是，在我二三十岁的时候，我几乎没有达到过平衡。从 22 岁到 34 岁，除了在商学院读书的那几年，我的生活里除了工作还是工作。这个世界并不属于体格大或力量强的人，而是属于行动迅速、反应敏捷的人。你要比同龄人在更短的时间内获得更多的成就。这部分取决于你的天赋，但更多得益于你的策略和毅力。作为职场年轻人，我因为缺乏平衡能力，葬送了婚姻，失去了头发，甚至可以说赔上了20多岁的年华。其中并没有什么操作指南，有的只是权衡取舍。我年轻时欠缺平衡，尽管后来取得了平衡，却为此付出了高昂的代价。

挥洒汗水

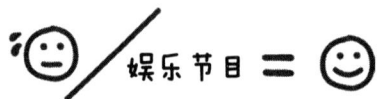

你自己挥汗如雨与你看别人挥汗如雨的时间之比预示着你未来的成功概率。如果一个人一到晚上就盯着娱乐节目，星期天看橄榄球赛，自己却从不锻炼，那么他的未来注定充满了怒气和不尽如人意的关系。相应地，如果一个人每天都挥汗如雨，花同样多的时间做运动而非娱乐，那么他的生活将会更加美好。[3]

人生中的重要决定

　　商学院的大多数学生将主要精力放在了职业规划和交友上。然而，真正重要的决定并不是选择去哪里工作或与谁在一起聊天聚会，而是选择与你共度余生的伴侣。拥有一位关心你、让你怦然心动，又是好队友的伴侣，不仅能够抚平生活中的坎坷与艰辛，还会放大其中的美好瞬间。我身边有不少朋友，他们事业有成、交友广泛，也有所爱之人，但就是不快乐，原因就在于他们的身边人并非真正的人生伴侣。两个人的生活目标和人生态度并不一致，对重要事物的认知也不一样，因此彼此之间缺乏理解与欣赏。这种落差让一切变得更加艰难。相比之下，那些经济上没有那么成功，社交生活也没有那么丰富的人，因为拥有了一位可以与其真心分享所有艰辛历程与成功经验的人生伴侣，而变得更加幸福。

激情、价值观、金钱

$$\heartsuit + V + \$ = P^2$$

就我见过的幸福伴侣而言，我发现双方需要在以下三个方面保持同步。首先，双方必定在身体上互相吸引。性与情感以一种无声的方式传递出"是我选择了你"，从而确立了双方关系的独特性。性生活幸福的人群比例只有 10%，而性生活糟糕的人群比例高达 90%。令人遗憾的是，大多数年轻人对亲密关系的"尽职调查"就此止步。其次，你还需要确保双方的价值观一致，比如，如何看待宗教信仰、孩子数量、养育方式、与父母的距离、为经济成功愿意做出的牺牲以及由谁承担责任等。最后，金钱问题在婚姻中尤为突出，财务压力是导致婚姻矛盾的首要原因。[4] 你的伴侣在金钱方面的贡献，对金钱的态度、期望，以及管理家庭财务的方式，是否与你的一致呢？

学历 + 城市 = 赚钱能力

在美国，有一种新型的"种姓制度"，那就是高等教育。[5] 而且，经济增长也越来越集中在少数几个超大城市。[6] 在未来 50 年，有 2/3 的经济增长将集中在这些一线城市。机会取决于密度，所以你理应前往成功者云集的地方。大城市就像是温布尔登的网球场，你即使不是拉斐尔·纳达尔，也会因为有机会与顶尖高手同场竞技而大幅提升自己的水平。在这个过程中，你要么变得更加强大，要么发现自己并不适合去温布尔登。

资质与机会就像是经济加速中的花生酱和巧克力，两者的完美搭配能够产生强有力的组合效果。所以，告诉我你的学历和城市，我就可以相当准确地估算出你未来 10 年的赚钱能力。因此，我的建议非常简单：趁年轻，赶紧拿到文凭并前往大城市。可以说，随着年龄的增长，这两件事只会越来越难，甚至变得遥不可及。我们常常听到史蒂夫·乔布斯、比尔·盖茨或其他大学生辍学并创业成功的故事，但是请记住，千万别假设自己是他们中的一员。

发掘让自己幸福的事

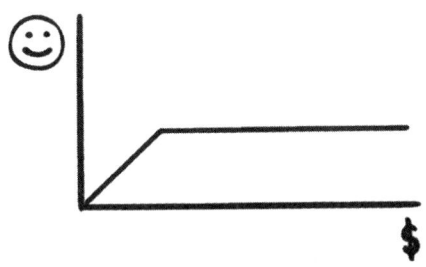

金钱与幸福之间的确存在一定的关联性。可以说，金钱在一定程度上会让你感到幸福。可是，一旦达到了某种财务水平，两者之间的关联性就会趋于平缓。[7]当然，认为一个人钱越多，幸福感就越少，那也是一种迷思。我人生的失误在于，我这一生或者说一生中的大部分时光都在琢磨如何赚更多的钱，而忘记停下来问问自己：什么让我真正感到快乐？没错，我们应该努力工作，争取实现财务自由。但与此同时，我们也应留意那些能够让自己体验到幸福和满足的事情，发掘它们、投资它们，尤其是那些不需要你改变心智状态或花费大量金钱就能感受到快乐的事情。无论是烹饪美食、跳卡波卫勒舞，还是弹吉他、山地骑行，个人的兴趣和爱好都会为你加分。一个人如果能进入一种忘我的心流状态，那就是幸福。[8] 在心流状态中，你会忘记时间，忘记自我，并感觉到自己是广阔世界的一部分。

我是几年前才开始写作的。如今，它是最让我有成就感的事情之一。写作对我来说是一种疗愈。它让那些在我的脑海中不断翻腾的想法找到了出口，让我有机会表达对孩子的爱、对母亲的思念以及对"墨式烧烤"的喜爱。通过写作，我与自己关心的人重新建立了连接，同时认识了很多有趣的新朋友。我总希望在自己百年之后，我的孩子会读到我留下的文字，从而更好地认识我这个人。我要是在30年前就开始写作，那该多好。

尽早投资、持续投资

有句老话说，复利（利滚利）是这世上最强大的力量。然而，储蓄这个概念对最需要它的群体（年轻人）来说，反而不太被理解和接纳，因为他们尚不懂得什么是"长期"。许多有才华的年轻人自认为很出色，相信自己日后一定会赚得盆满钵满。嗯，也许吧……但是，万一"钱"没有如预期般从天而降呢？所以最好还是做到尽早投资、持续投资。[9]不要觉得自己是在储蓄，而要觉得自己是在变魔法。假设你将1 000美元放进了一个魔法盒，那么40年后当你要用它的时候，它的价值将变为10 000~25 000美元。如果真有这样一个魔法盒，你一开始会存入多少钱呢？

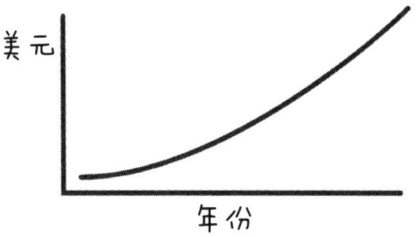

大多数人都理解金钱的复利原理，但是对这一原理在生活中其他方面的应用知之甚少。应用程序"每天一秒"提醒人们每天拍摄1秒钟的视频。[10]这是一件日常小事或投资积累。当一整年结束时，我会和孩子们坐在一起观看时长不过6分钟的年度视频。我们会一看再看，想想这是在哪儿，那又是什么，孩子们更是在看到自己时哈哈大笑，同时一起重温在哈利·波特魔法世界里度过的美好时光。

在这个世界上，没有什么能比得上父母与孩子之间的纽带。这不仅是人之本能，更是源于父母日复一日为孩子付出的点滴心血。这一点适用于任何人际关系。因此，尽可能拍摄大量的照片，时常和朋友聊天，向同事表达你的赞赏，并尽量向他人表达你的爱。每天花上那么几分钟，一开始的效果可能微不足道，但假以时日，这股力量会变得无比强大。

找到你的"大猩猩"

💪 ＝ 影响力 ✚ 公民意识 ☆ ✚ 父亲角色

让自己变得强壮有力，这绝对能让你受益匪浅。（虽然这么说可能有些突兀，但我实在看不出柔弱有什么好处。）我内心的"人猿泰山"在藤蔓间自由穿梭，这让我感到无比快乐。不过，随着时间的流逝，那些"藤蔓"也发生了改变。年轻时，我会借由朋友的艳羡、异性缘以及健身塑形来彰显自己的男子气概。然而，随着年龄增长，新的"藤蔓"开始出现。如今，我会因为自己是家庭的支柱，是一个充满了爱心、责任心、能够保护家人的男人，而感到"强壮如牛"。同样地，我也因为自己在课堂和工作中的影响力而感到充满力量。

雄性猴子通过扩大社交范围，而非体型更大或更强壮，来获得更高的族群地位和更多的交配机会。[11] 随着时间的推移，我越来越清楚地意识到，那些我年轻时从未认真思考过的事情，比如，成为一个好公民、好邻居，尊重社会规则，铭记自己的初心，帮助那些我可能一生都不会见到的人，关心那些与自己毫无血缘关系的孩子，认真对待投票，让我感到由衷的自豪。同时，我必须正视自己的缺点并努力改进。简言之，我要成长为真正的男人，而不是有着成年人体魄的男孩。在今天，我认为所谓的男子气概意味着个人的影响力、良好的公民意识以及慈爱的父亲角色。

股权 = 财富

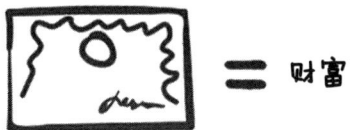

仅靠薪水很难获得经济自由，因为你会根据收入状况自然地调整生活方式。因此，请尽早购置不动产或持有股票，并尽量找到一份有退休计划、会强制你提前储蓄的工作，或者更好的情况是，你拥有公司的股权。请始终在股票市场中有投资，因为你没有聪明到能够准确预判应何时进场或退场。在40岁之前，尽量不要将超过1/3的个人财富集中在某一类资产上；在40岁之后，这个比例最好低至15%。

"富有"的定义是指你的被动收入[①]超过你的日常开销。以我的父亲及其妻子为例，他们每年通过股息、养老金和社会保险能获得5万美元的收入，而两人每年的开销为4万美元。因此，他们是富有的。而我的一些朋友，虽然年收入为100万~300万美元，孩子就读于曼哈顿的私立学校，有一位前妻和一套在汉普顿的房子，过着一种看上去与其"宇宙之主"的身份相匹配的生活，但是他们的实际开销是他们大部分乃至全部的收入。在这个意义上，他们并不富有。在你30岁时，你应该对自己的开销有一个清晰的认识。年轻人只关心自己的收入，而成年人会在意自己的开销。

[①] 被动收入是指个人无须通过积极地参与劳动而能获得的收入。与主动收入（比如工资）不同，被动收入通常来自资产投资的收益或其他自动化的收入。也就是说，被动收入是不需要个人花费时间和精力而能持续获得的收入。——译者注

少喝酒

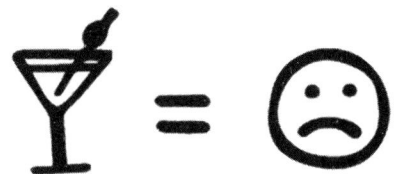

哈佛大学医学院的格兰特研究是迄今为止关于幸福的最大规模的研究之一。[12] 这项研究对近300名男性进行了长达80余年的追踪调查，旨在揭示影响个人幸福感的关键因素。就男性而言，其中一个导致不幸福的因素格外明显，那就是喝酒。喝酒不仅会导致婚姻破裂，还会使事业偏离正轨，甚至严重损害身体健康。

我刚毕业时住在纽约。在摩根士丹利工作期间，我每晚都会去一些很花哨并且似乎挤满了成功人士的地方喝酒玩耍。那种感觉非常自然，好像只有喝得晕乎点儿我才能挥洒自如。几杯下肚，我整个人变得既风趣又乐观。相比之下，清醒时的我显得既拘谨又无趣。而且，我还发现除非喝点儿酒，否则我几乎没法主动和异性搭讪（想想我在藤蔓间晃来荡去的那个样子）。每个工作日的中午，我都会找一间空闲的会议室，躲在桌子底下打个盹儿，以缓解前一晚宿醉带来的不适。每天早上,我靠着健怡可乐和油腻的食物勉强撑到下午。大约一个小时后,我才慢慢恢复过来。然而,我总是无法拒绝来自所罗门投资公司的朋友的邀请,经常带着几位模特去 Tunnel 或 Limelight 这样的知名夜店,开上一瓶价值 1 200 美元的伏特加。紧接着,那位"风趣幽默的斯科特·加洛韦"又闪亮登场了。

我在加州大学洛杉矶分校读书时不够认真,这使我注定成为一个平庸的银行家,而酒精让我成为一个平庸的人。好在我对酒精没有生理性依赖(至少我这么觉得),所以在搬到西海岸之后,我一点儿也不馋酒。我想当你临近毕业之际,你应该问问自己,是否有干扰你的人际关系、职业发展或者生活本身的因素。如果有,请尽早解决它。

体验 > 物质

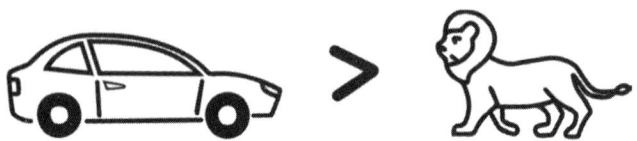

研究表明,人们往往会高估物质所能带来的幸福感[13],而低估经历与体验带来的长期的积极影响。请将钱花在体验而非

购物上,换句话说,宁可开一辆普通的汽车,也要和妻子一起去巴斯度假。

陪伴亲人安然辞世

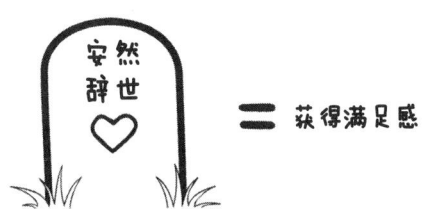

除了养育孩子,我做过的最让我自豪的一件事就是陪妈妈走完了她人生最后的时光。在她被诊断出癌症晚期之后,我在位于内华达州萨默林的一家成人社区陪伴她居住了7个月。白天,我负责她的医疗护理,同她一起观看情景喜剧《欢乐单身派对》和电视问答节目《危险边缘》。晚上,我则会冒险前往拉斯维加斯大道,与开雪茄吧、餐馆的老板以及夜场女郎一起喝得酩酊大醉。那真是一段既奇特又意义非凡的人生时光。人们在照顾幼儿时所体验到的喜悦早已被广泛地记录和认可。[14]然而,人们在至亲的生命尽头为他们带去安慰,同样能获得深刻的满足感。如果你有机会——尽管许多人没有——陪伴亲人安然辞世,那么请倍加珍惜。这段经历必将让你一生感怀。

家庭 = 幸福

在幸福感的综合评分中，最幸福的人往往是在一夫一妻制的婚姻中有孩子的人。我一度既不想结婚也不想要孩子。即使到现在，我也不认为一个人必须有孩子才能幸福。但是，不得不说，身为一名父亲，与我心爱的且有能力的伴侣共同抚养孩子长大，让我第一次开始思考我们每个人都在努力探寻的问题：我为什么活着？

毅力 / 失败 = 成功

每个人都会经历失败，遭遇不幸。你可能被解雇，痛失所爱，或者一度面临经济重压。成功的关键在于，你在悲伤难过之后依然能砥砺前行。我在 40 岁之前经历了婚姻失败、企业破产、母亲（我当时觉得她是唯一爱我的人）离世……幸运的是，我凭借自己接受过的良好教育、一众出色的朋友、个人的才华和美国优越的地理位置，让这些困难不再是无法跨越的阻碍。

请善待自己

我的朋友托德·本森曾说过，市场周期远比个人表现重要。的确，你的成功与失败并不完全是你的责任。随着年龄的增长，我最想对年轻时的自己说："请善待自己。"我们的竞争本能常常驱使我们以身边最成功的人作为标杆。因此，当你发现自己未能达到内心设定的那些标准时，你难免会陷入自责和失望。健康关系的关键点之一就是宽容，因为你和你的伴侣都会犯错。[15]我们生而有限，需要对自己负责，但与此同时，我们也要做好原谅自己的准备，专注于那些真正重要的事情。

第一部分 √成功

以下内容源于我的真实成长经历,讲述了我如何一步步构建出一套获得成功与经济保障的工具方法。

保持渴望

我时常思考成功及其背后的要素。天赋很重要，但它也只能帮你打开人才济济的VIP（贵宾）房间的大门。那种感觉有点儿像你是达美航空的白金会员，你自以为很特别，结果在拉瓜迪亚机场，你发现和你一样的人一抓一大把。假设你确实卓尔不群，属于全球前1%的顶尖人才。那么恭喜你，你会发现自己与大约8 000万人（几乎相当于德国的人口总数）一起竞争世界上的资源。当我让年轻人描述自己向往的生活时，他们大多数人所描述的生活环境和装备，实际上是一个由数百万人组成的群体所共有的生态系统的一部分。换句话说，大多数阅读本书的年轻人都希望自己能够跻身全世界的前 1%。然而仅凭天赋，你根本不可能接近这个目标。

将天赋转化为成功的关键驱动力是"渴望"。渴望可以源自方方面面。我不认为我天生就有这份渴望。我的内心有很多的不安全感和恐惧感，再加上每个人都有的本能，最终催生了我的渴望。了解渴望的源头有助于认识成功与满足的区别。

在人生的前 18 年，我谈不上努力。刚刚走进加州大学洛杉矶分校的我们都是聪明、友好、有吸引力的年轻人（"18岁"和"有吸引力"简直就是同义词），彼此因为略显笨拙的吸引力（"她好性感""他好酷"）而暗生情愫。然而，一到大四，女生开始倾向于寻找那些看上去"靠谱"、展现出某种成功迹象的男生，或者家境不错、展现出某些成功人士外在特点的男生，例如周末可以去父母在阿斯彭或棕榈泉的别墅度假。

女性的本能开始发挥作用，她们在寻找能够更好地保障后代生存的伴侣，而非一个戴着窄款皮革领带，搭配一双 Top-Sider 鞋[①]，对《人猿星球》三部曲中的经典台词倒背如流的搞

[①] Top-Sider 是美国知名鞋类品牌 Sperry 公司旗下的一个经典鞋款品牌。Top-Sider 的款式是经典的船鞋或甲板鞋，象征着一种休闲、时尚的生活方式。——译者注

笑男生。而我的本能也开始显现，我希望能增加自己在择偶市场上的竞争优势。我认为实现这一目标的必要条件是发出我也可以成功的信号，于是我在摩根士丹利找了一份工作。当时，我并不了解投资银行家的具体职责，但是我知道这个名号本身就意味着成功。

不过，我很快意识到取得成功的关键在于找到自己擅长之处。因为擅长而出色地做好某件事所带来的回报和认可，会让一个人的内心充满激情。对我来说，投资银行业只会让我感到无聊、厌倦且压力巨大。我很早就发现，我为了追求别人眼中的成功而强迫自己走上了一条痛苦的道路。正是这种无聊和痛苦让我具备了退出的勇气。我主动放弃了这条丝毫不能带来自我满足感的所谓的成功之路。

还有一件事同样与女性有关。我妈妈在我研究生二年级的时候被诊断出患有乳腺癌。她从洛杉矶恺撒医疗集团的医院提前出院后开始接受化疗。有一天，她给在伯克利的我打电话说她非常难受。我当天下午就飞回了家。一走进灯光昏暗的客厅，我就看见她身穿浴袍，整个人蜷缩在沙发上，心神恍惚，抱着垃圾桶痛苦地呕吐。她直直地看向我，问我："我们该怎么办？"即便到了今天，当我写下这段文字时，我依然心有余悸。

当时，我们的保险金额不足，我也不认识任何的医生朋友。在那一刻，我的内心五味杂陈，但最强烈的感受是我真心希望自己有更多的金钱和更大的影响力。我知道财富不仅能带来人脉，还能带来更高水平的医疗服务。可惜在当时，这两样我都没有。

养育孩子的渴望

2008年，我的女友怀孕了。当我们的儿子出生的时候，我目睹了整个过程，那是一个既令人印象深刻又令人深感不安的诞生奇迹。我当时丝毫没有感受到那些常被人们提及的情感：爱、感激和赞叹。相反，面对这场想让一个小生命存活下来的"科学实验"，我只有强烈的恶心感和恐慌感。不过，随着时间的推移，生而为人的本性开始发挥作用，这场生命的实验不再那么可怕，反而令人心生欢喜，而我想保护和养育新生命的感觉也越发强烈。

我在2008年的金融危机中受到重创，一下子从"还算富有"跌落到了"绝对不富有"。2000年的危机也很严重，但对我影响不大，因为我那时30多岁，一人吃饱全家不饿，我知道我有能力照顾好自己。可是，这一次不一样了。因为无法在曼哈顿给孩子提供我希望自己能够给予其的物质水平和生活品质[16,17]，所以我开始严重质疑自己存在的意义（"我为什么活在这个世上"）和身为一个男人的价值。我感觉我整个人跌进了失败的谷底，但与此同时，我内心的渴望之火开始熊熊燃烧。

我们很多人给自己施加的要成为优秀抚养人的压力其实是非理性的。养育后代的本能是人类繁衍生息的根本。但是，认为自己的孩子非得上曼哈顿私立学校[18]，住翠贝卡的复式公寓，那其实是一个人的自负而非父爱。事实上，即使你的收入远低于我曾经认为的标准，你也依然可以是一位好父亲，甚至是一位伟大的父亲。话虽这么说，但我一直觉得自己不称职。

最近，我感到自己的渴望正在发生变化——从对金钱的追求转向了对意义的追求。我开始将更多的时间投放在我关心的人和项目上，尽管这么做会影响我的收入。我努力让自己活在当下，并放弃一些赚钱的机会，从而让自己更专注于内心的成长。与此同时，我也试图通过让孩子做家务来培养他们的渴望感。我每周都会根据他们完成的任务支付报酬，由此让他们建立起工作与回报之间的关系。而且，一年里我还会有那么两次，在发放完零花钱之后，在他们返回房间时拦路"抢劫"（我会扑倒他们并抢走他们刚刚拿到手的零花钱）。我这么做也是为了让他们懂得其中的人生教训。

拥抱成年

每年春天，纽约著名的苏荷区（SoHo）都会挤满 22 岁左右的来自纽约大学的年轻学子。他们一个个身穿紫色毕业长袍，搭配紫色毕业礼帽，紧随身后的是满脸自豪，看上去和前面的年轻人长相相似，但年龄更大、身材更丰腴的男男女女。毕业季是如此美好，令一切都充满了希望。这一刻，对那些"丰腴版的你"（你的父母）来说，真可谓意义重大，因为这是他们操劳半辈子取得成功的证明（一路供你读完了大学）。他们终于可以在自己的责任清单上勾选最后一项……嗯，除了死亡（呃，此时聊这个，实在是煞风景）。

我的两次毕业经历都谈不上愉快。第一次是在加州大学洛杉矶分校，我到了本科第5年的中途才毕业。那时，我的大多数朋友都已离校，因为他们按照规定在4年内就完成了学业。在大学的最后两周，我为了修满学分顺利毕业，几乎是在恳求教授把我的成绩从不及格改为勉强及格，因为我离拿到经济学学士学位还差3门课的成绩。我的恳求理由很简单，也很真实。

- 我来自一个中下阶层的单亲家庭。
- 我已经获得了纽约摩根士丹利的一个很好的工作机会。
- 我越早从这里毕业，学校就能越早让更有资格的人进校学习。

我一共找了4位教授（当然还有很多人可以找），其中3位的反应都差不多：他们一脸嫌弃地看了看我，而后无奈地在我递上的表格中签了字，紧接着就将我"礼送出门"。所以，我第一次毕业时，既没有学位袍，也没有仪式感。

我第二次毕业，即从加州大学伯克利分校毕业的过程，就令人振奋多了。这一次，我发奋图强，拿到了 MBA 学位，还成了毕业典礼上的学生代表发言人。我清楚地记得，在演讲中途，我放眼望去，一下子就看到了我的妈妈，她同其他成千上万名父母一起站在伯克利分校的希腊剧场上。尽管癌症已经在侵蚀她的身体，但她站在那里，向我挥手，整个人散发出无以言表的自豪感。

我从不相信有来世，但当生命走到尽头时，我想服用大量的裸盖菇素。我希望能感受到那些曾有濒死体验的人所描述的那种充满了光的温暖世界。[19] 而且，我渴望脑海中浮现出两个画面：一个是我的孩子们在床上翻滚，他们欢笑着扑向我；另一个是我的妈妈站在那里，微笑着向我挥手，仿佛在提醒我，她一直在那儿等着我。

回想起来，在我妈妈生病期间，我和大多数孩子一样，内心充满了各种不安……没错，26 岁的我其实还是个孩子。我那时为了创业，甚至拒绝了一家咨询公司的邀约。我生活中唯一的稳定因素是我的女友，她在情感上和经济上都给了我极大的支持，毕竟只有她有一份真正稳定的工作。

如今，作家们常常借着毕业典礼的机会，以第三人称的方式谈论自己，让毕业生跟随他们美化的镜头去回顾他们的过去。说实话，那些陈词滥调毫无新意。如果是我给毕业生一些建议，我想说……

不要追随自己的激情

在大学演讲的人,特别是在毕业典礼上致辞的人,往往会告诫年轻学子要追随自己的激情,或者说出我最喜欢听的那句"永不言弃"。然而,讲这番话的人大多已功成名就。他们中的许多人是在失败了5次之后,才转身创办了废物处理厂,最终取得了成功。换句话说,他们明白何时该放弃。事实上,你更应该做的是找到自己的长处,然后不断精进,直至达到卓越。成为某个领域的专家所带来的经济和情感回报,会让你对这件事充满激情。没有人一开始就对税务法情有独钟,但优秀的税务律师会因为同事的钦佩、为家人提供的经济保障以及有机会与优秀的人结婚,而对自己的工作充满激情。

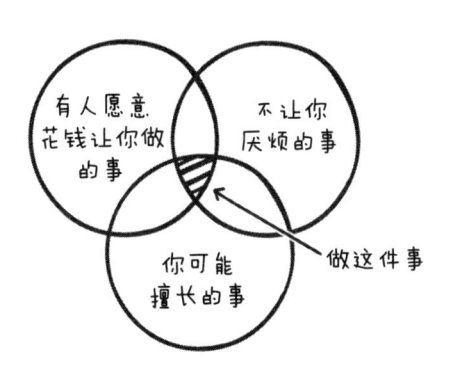

无趣也好玩

职业领域就像资产类别一样。如果某个行业被人力资本过度投资,那么每个人通过努力所能获得的回报就会被压缩。假设你想去《时尚》杂志工作,或者制作电影、开餐馆,那么你需要确保自己的内心足够强大,因为在风险调整之后,你所能得到的经济回报通常都非常糟糕(当然,不排除一些广为人知的例外)。我个人会尽量避免投资那些听上去很炫酷的东西。我没有买过《黑皮书》杂志[1],也没有投资过福特模特公司或者市中心以音乐为主题的会员制俱乐部。相反,如果某个生意或者某个需要处理的问题听上去有些无聊……嗯,我反而会投资。我曾经在摩根大通的另类投资峰会上发表了一场演讲。这家银行邀请了全球最富有的 300 个家族,虽然其中一些家族拥有自己的媒体帝国或航空公司,但大多数家族所从事的行业主要集中在铁矿冶炼、保险或杀虫剂领域。

---

[1] 《黑皮书》杂志创刊于 1996 年,是一本专注于潮流文化和时尚生活方式的杂志,在年轻人和时尚爱好者当中颇具影响力。——译者注

斯科特·加洛韦教授的职业建议

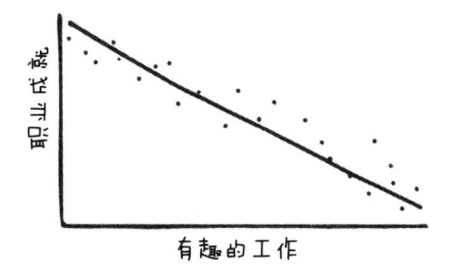

职业成就 / 有趣的工作

照顾父母

你和父母的角色会逐渐发生逆转。他们会变得像孩子一样,而你会扮演起家长的角色。这种转变通常是自然而然发生的,而大学毕业是加速这一过程的良机。当你开始解决问题,而不是制造麻烦时,你的行为其实是在向父母传递"我能行"的信息。不过,让我惊讶的是,许多在外表现成熟的成年人,一回到父母身边就会退化成依赖父母解决问题的孩子。生命中最有意义的事往往源自我们的本能。我们经常讨论抚养孩子所带来的满足感,却很少提及照顾父母所带来的满足感。我们不妨从现在开始,认识并珍视这一点。

把简单的事情做好

纵观我的职业生涯，我一直努力把简单的事情做好。例如，我准备组织团队进行一场深入浅出、切中要害的内容演示，结果因为我演示当天迟到了 15 分钟而让大家不欢而散。原本在会议结束后，我收到了客户发来的关于询问额外的工作或其他机会的邮件，结果因为我没有及时回复而错失良机。我经常没能及时跟进那些我理应第一时间跟进的人和事。总体来说，我的职业发展高度因我缺乏职业精神和必要的职场礼仪而受到影响。奇怪的是，我明知道自己不对，也知道如何纠错，可就是没能行动起来。

至此，我得到的教训很简单：千万别和我这个傻子一样，请尽量把简单的事情做好。

- 提前到岗。
- 礼貌有加。
- 及时跟进。

我认为，大多数人都会特别厌恶那些他们在别人身上看到的自己不喜欢的特质。下面这个故事与一封电子邮件有关。那也是我第一次在互联网上"出名"。简单来说，我的一名学生因上课迟到而被我请出了教室，但这件事后来引发了一些小风波（我们之间的邮件被泄露给了媒体）。有关此事的一篇文章获得70万次的浏览量和305条评论。[20] 根据纽约大学斯特恩商学院院长办公室的说法，他们有段时间每两分钟就会收到一封有关此次邮件事件的反馈邮件。大多数邮件都在表达对我的支持，但也有一些反对的声音，例如有人写道："今年秋天我不会让我的儿子去纽约大学读书了。"如今，我的"邮件门"早已成为我的授课案例。我可以相当确定地说，这些邮件应该是有史以来学术界阅读量最高的有关"迟到"的规则说明。以下是我收到的邮件。

发件人：×××@stern.nyu.edu

收件人：×××@stern.nyu.edu

发送时间：2010年2月9日星期二晚上7:15:11

主题："品牌战略"的课程反馈

亲爱的斯科特·加洛韦教授：

我想和您讨论一件困扰我的事情。昨晚，我大概是在您下午6点钟的"品牌战略"课开课一小时后走进了教室。我进去后没多久，您就请我离开，并表示我可以下节课再来。与几位选修您课程的学生交谈之后，我才得知您有一条课堂规定，即上课迟到超过15分钟的学生不得进入教室。

说回我昨晚的情况，我需要说明的是我对星期一晚上同时开课的3门课都很感兴趣。为了能够做出选择，我计划当晚逐一试听，看看自己最喜欢哪一门。因为我之前没有选修过您的课，所以对您的课堂规定并不了解。对于您将我请出教室这件事，我深感失望，原因有二。第一，我不知道您有这样的课堂规定；第二，考虑到这是晚间课程开课的第一晚，我虽然迟到了一个小时而不是几分钟，但我迟到的原因并不是有意懈怠，而是我想试听不同的课程。

现在，我已经注册了另一门课。我写这封邮件也只是想开诚布公地表达一下我对这件事的看法。

祝好！

×××

2010 级 MBA 候选人

纽约大学斯特恩商学院

我回复的邮件内容如下。

发件人：×××@stern.nyu.edu

收件人：×××@stern.nyu.edu

发送时间：2010 年 2 月 9 日星期二晚上 9:34:02

主题：回复："品牌战略"的课程反馈

×××：

谢谢你的反馈邮件。在此，我也给出我的回应。

首先，恕我直言……大致情况是你先去听了一门课，听了15~20分钟后离开（你站起身，在课堂中途走出了教室），而后去听另一门课（此时已迟到20分钟），听了一会儿之后又再次离开（估计也是中途离场），最后走进了我的教室。这时，你已迟到了一个小时。所以，我请你"下节课再来"这件事让你感到"困扰"。

对吗？

其次，你提到因为之前没上过我的课，所以不知道迟到一小时是无法进入教室的。但是面对不确定性，最明智的做法通常是选择较为保守的策略，或者分散风险（比如你在确定教授会容忍这种"富有创意的时间管理"之前，先别迟到一小时，或者在课前问问助教，等等）。希望你已经选定的那位"星期一"教授，正好在教授"判断与决策"或"批判性思维"的课程。

再次，从你表述的基本逻辑来看，你认为在正式选课前，你不需要对自己的行为负责。的确，我们没有明文禁止在课堂上高唱音乐剧、在课桌上撒尿或者是在教室内测试某种革命性的脱毛技术。但是，×××，我们还是期望我们招收的是被视为未来商业领袖的成年人，能够保持基本的礼仪，比如有礼貌。

最后，×××，言归正传，我并不认识你，以后也不会认识你，对你我没有任何的个人好恶。对我来说，你只是一名现在可能会后悔按下电脑"发送键"的匿名学生。也正是在这个意义上，我希望你停下来，真正地停下来，×××，认认真真地听一听我的忠告。

×××，来，我们先把事情理清楚。

找到一份好工作，加班加点，保证自己的技能不过时，处理职场内部的办公室政治，找到工作与生活的平衡之道……要做到这些的确很难。但是，相比之下，×××，尊重规则、有礼貌、保持谦逊……就容易多了。请把简单的事情一一做好，×××。因为缺乏这些品质一定会阻碍你的发展，让你无法发挥出自己的潜能；而你能够被斯特恩商学院录取本身就已经说明你一定非常有潜力。好在一切并不太晚，×××……

再次感谢你的反馈。

斯科特·加洛韦教授

相信自己值得

1982年，埃默森中学的九年级学生在一次票选中授予了我"最具喜感奖"和"史蒂夫·马丁[①]"的称号。自此之后，我就成功地避开了所有的奖项和荣誉。一个月前，我的朋友安妮·马菲给我发短信说："请回复我哥哥，他准备给你颁奖，表彰你的贡献。"

啊？！

安妮·马菲的哥哥格雷格·马菲是自由媒体集团的CEO（首席执行官）。这是一家由有线电视界的传奇人物约翰·马龙创立的大众媒体公司。[21] 在此之前，格雷格·马菲是微软的首席财务官……这在我看来更是"酷到不行"。我觉得，作为20

[①] 史蒂夫·马丁是美国一位著名的喜剧演员、编剧、作家和音乐家。他的作品经常将机智的幽默与荒诞的情节融为一体。——译者注

世纪90年代"邪恶帝国"的首席财务官，他简直就是企业界最接近《星球大战》中暗黑角色达斯·维达的存在。不过，格雷格·马菲为人友善，不太适合做黑暗尊主，所以我更愿意把他想象成打败皇帝后，摘去面具，回归光明的达斯·维达。

于是，我快速搜索了邮箱，果然找到了格雷格·马菲及其同事发来的邮件，他们祝贺我成为2018年"自由媒体奖"的获奖者。不承想，这封邮件竟然被我妥妥地忽视了2个月。5年前，自由媒体集团设立了这个奖项，专门表彰那些撰写政治与经济交叉领域文章的作家或记者。此外，我觉得一位教授忙得顾不上回邮件也还说得过去。于是，我这才回复"谢谢，这真是太棒了……"，并同意出席在华盛顿的新闻博物馆举办的颁奖晚宴。据《华盛顿人》杂志报道，这家博物馆是2016年"华盛顿特区最受欢迎的博物馆"。

随着领奖日的临近，我的心情既兴奋又忐忑。我担心自己飞得太高，离太阳太近。

总之，我觉得自己不值得。

随着我获得越来越多的关注和认可，我的内心总有一个嘲笑的声音："你到底在骗谁呢？你不过是个冒牌货、骗子[22]。"每当我取得一些成绩时，我都会觉得自己不过是又一次"忽悠"成功了。我不认为自己配得上学者或企业家的头衔。我总是担心人们会揭穿我的真面目——原来我不过是一个秘书的儿子，学业平平、人际关系糟糕、自私自利、资质平庸，唯一擅长的不过是自我吹嘘，窃取他人的劳动成果。没错，我简直就像个骗子。

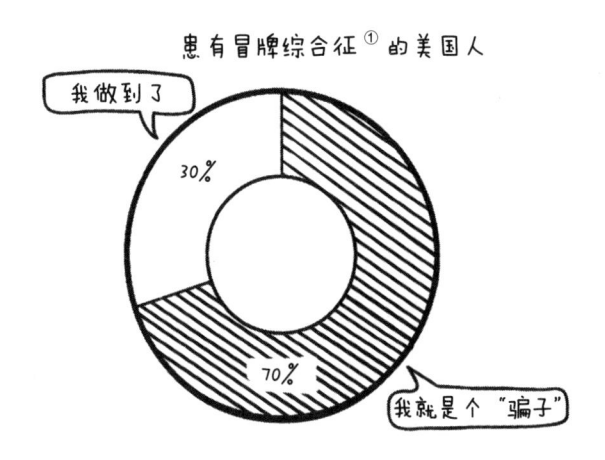

患有冒牌综合征① 的美国人

我做到了 30%

我就是个"骗子" 70%

在我意识到大多数的成功人士都会努力追求超出自己当前能力范围的目标之后，我的焦虑感逐渐开始散去。有70%的美国人承认自己曾经患有冒牌综合征。[23] 心理学家指出，除非你花时间消解这样的想法，否则它们只会愈演愈烈。[24] 于是，我开始对自己宽容一些，毕竟这一路走来，我付出了很多努力，承担了不少风险，也做出了一些贡献。

---

① 冒牌综合征是一种心理现象，指人们在取得成功或得到认可时，常常觉得自己不配得到这些成就，并担心他人会发现自己其实是"冒牌货"。——译者注

尽管如此，我的耳边还是有个声音在低语："我可知道你真实的样子。"我希望这只是源于我的不安全感，而非某种常识或清醒的认知。

爱与意义战胜焦虑

颁奖典礼及晚宴都非常精彩。我站在那里俯瞰国会大厦，回想起这一整天的经历，心中不由得升起了身为美国人的幸福感。尽管还是有那些令人不安的声音，但是我集中注意力，力图在和格雷格·马菲对话时表现出色……他特别擅长帮助他人提升自我。在台下就座的我的朋友当中，既有我从小学四年级就认识的发小，也有我在佛罗里达新结识的朋友，还有其他众多好友。和所有重要的日子一样，总有那么一刻你会黯然神伤。我多么希望我妈妈能看到今天这一幕，我也多么希望我爸爸能健康地站在现场。在到场的朋友中，有一位女士的丈夫病重，我能感受到她所承受的压力和内心的悲伤。对我来说，她能出席真的是出于无私的慷慨和难得的体贴。我感受到了所有朋友及妻子给予我的爱，他们乘飞机、坐火车，花了6个小时来见证这个对我来说很重要的时刻。除非你与在乎你的人一起分享，否则所谓的成绩不过是笔尖一扫而过的短暂瞬间。只有当别人与你一起分享时,它才会变得真实,成为永恒的记忆。尽管焦虑的声音仍在我的耳边低语,但当我感受到了身为美国人的自豪感、存在的意义以及被爱的温暖时,那些声音便渐渐微弱,几乎消失不见。

找到自己的声音

我大概在 5 岁时就留意到，人们在我爸爸身边时会表现得不太一样。他们会看着我爸爸，点点头，笑起来。女人见到他时会搭着他的手臂，眉开眼笑；男人见到他时则会高兴地喊一声："嗨，汤姆！"我爸爸这个人特别会说话，既聪明又幽默（属于那种英式幽默）。他表达清晰、不拘一格、聪明机智，再加上有一些苏格兰口音，这让他深受雇主和女人的喜爱。

我妈妈对我说："你爸爸这个人魅力十足！"大家聚会时总围着他，听他讲笑话、高谈阔论，而他谈论的话题从宇宙（"如果宇宙没有尽头，那天底下就无新事"）到管理（"关键在于分工明确"），应有尽有。他的个人魅力让我们一家差不多有 10 年时间一直维持着中上阶层的生活。他穿梭于美国西部和加拿大各地。每一次在西尔斯或劳氏连锁店，大概不到 15 分钟，他就能和店里负责户外及花园用品的经理打成一片。作为回报，对方会向他订购大量的肥料，因为我爸爸负责的正是国际电话电报公司旗下的斯科特公司的肥料销售。

在他50多岁的时候，市场明确表示，像他这样刚被国际电话电报公司裁员的中层管理人员，不会再受到《财富》500强公司的青睐。于是，他开始在当地的一所社区大学开设公开讲座。教室里廉价的荧光灯直让人觉得恍惚，误以为走进了某家医院的手术室。教室里面摆放着6排（每排8把）折叠椅，还有一个吊在天花板上的投影仪和沾满了污渍的幻灯片。教室最后一排的一张桌子上放着半空的2升装的胡椒博士、七喜、Tab无糖汽水和我继母烤的柠檬方块蛋糕。前来上课的是大约15位50~60岁的中年人。我爸爸会先讲90分钟，然后课间休息。这时大家便走出教室，站在走廊上抽烟。那时，我正值青春期，跟着上过几次课。我当时正处于一个无论父母做什么我都会感到无聊的年纪。可是，这件事让我特别难过，甚至有些心酸和压抑。为了向大多数失业的"老烟枪"传授知识，我爸爸每次还得自掏腰包，花10~20美元买汽油和课间零食。

可是在爸爸的回忆里，这段讲课的日子是他一生中最幸福的时光。他觉得自己找到了最合适的位置，那就是站在一群人面前演讲和教学。

独特的个人魅力

我不善言辞，在这方面没得到父亲的真传，反而拥有了一个特别能惹人不快的本事。我的这种"惹人不快"不是那种"面对权力勇于说出真话"，而是"在最不恰当的时间说出最不合时宜的话"。我说过的话或发出的邮件经常让人感到不舒服。我清楚自己在做什么，所以毫无借口可言。再加上我是所谓的"成功人士"，我的"话不中听"常常被解读为待人诚恳，甚至是某种领导力。可惜，根本不是那么回事，我只是浑蛋而已。不过，我也在努力改变。

我确实继承了父亲在众人面前完全控场的能力。无论是在市中心55层的无窗会议室，还是在酒店的地下会议厅，我都能轻松应对。当人越多时，大部分人越会感到不适，但我不一样。一对一时，我会显得拘谨内向，甚至有些不安；可是，一旦房间里的人越来越多，另一个我便会适时出现。面对几十人，我见解清晰；面对上百人，我风趣幽默，令人如沐春风；面对成千上万的人，我的肾上腺素会激增，信心爆棚，超越自我，鼓舞他人。我的看法不一定准确，但我的状态绝对在线。我会与房间里的每一个人进行眼神交流，坚定地说出我相信的东西。

找到自己的舞台

喜剧演员往往通过俱乐部的开放麦来打磨技艺，而我的脱口秀舞台就是我的讲台。每星期二晚上，我会一连 3 个小时，面对 170 名 MBA 二年级学生打磨教学技艺。走上讲台的我比在董事会或商业地产经纪人的高端聚会上表现得更加专注、更有激情。教课的时薪大约是 1 000 美元，相对较少。(请留意，实际上我的时薪要比这个少，因为我还需要另花时间备课或接待学生)。此外，为了能让自己站上这三尺讲台，我还需要处理一大堆的麻烦事，比如攻读高级学位、应对系里的各种办公室政治等。

家庭给予我们自信

我爸爸只会为两件事坐飞机。这两件事既不是去看望孙子，也不是和朋友聚会，而是观看多伦多枫叶队的比赛，以及观摩自己儿子的课堂。他每次来我的课堂听课都会坐在最后一排。我通常会让来访者在上课前进行自我介绍。还别说，每次上课总有六七个好奇的本科生或其他申请者前来旁听。我爸爸会在他们完成自我介绍之后，故意提高音量，说一句："大家好，我是汤姆，斯科特·加洛韦的父亲。"

教室里先是一片寂静，紧接着响起持续的掌声。在接下来的3个小时里，我看到他聚精会神地聆听我说的每一句话，留意我做的每一个动作。我不禁想，年事已高的他，看到我站在讲台上的样子，心里会有怎样的感受？他是否会因为自己未能充分施展才华而感到遗憾，还是在看到一个升级版的自己时，有一种后继有人的欣慰？我望向坐在教室后排的父亲，突然意识到，过去他带着柠檬蛋糕去努力吸引学生来听课，而如今我在公司聚会上一分钟获得2 000美元的报酬，两者之间的差距并不是因为我们两位演讲者有多大的不同。事实上，他远比我有天赋。真正的不同在于，我出生在美国，得益于加州纳税人的慷慨支持，作为一个秘书的儿子，有幸获得了进入世界一流大学的机会。[25]然而，正是父亲的天赋，以及他第二任妻子给予我的爱，让我有了站在人前的自信，直视听众的眼睛，坚定地说出："我相信的确如此。"

懂得自己的价值

全球对科技巨头的狂热正推动着我，这股热潮几乎渗透进了我讲的每一句话中。我擅长的领域——科技领域——正处于风口浪尖，经济形势一片大好，再加上L2团队里几十位受过高等教育的年轻人搜集并提炼出来的独家数据，以及由世界级创意团队设计的图表，当我将这些内容投射在身后的屏幕上时，一切都像帕瓦罗蒂的歌声一样美妙动人。

然而，我的市场价值和所有的热潮一样，终将消退。人们会厌倦我的讲座主题，而我也不再能够获得那些让我的演讲内容十分亮眼（不仅仅是不错）的资源。或者，更有可能的是，我的创意灵感会日渐枯竭。与富有创意的年轻人一起合作，接触到商业领域中最优秀的思考者，我对他们的依赖就像是一个人对生命中不可或缺的东西的依赖一样。一旦失去他们，我的价值便不复存在。

我与纽约大学的关系是：我教课带学生，在各种活动上发言；纽约大学则容忍我的另类存在。每隔三四年，新上任的系主任或行政人员就会试图改变现状，要求我多承担几门课，或者要求我做一些让我不爽的事情。于是，我便威胁说要跳槽去沃顿商学院或康奈尔大学科技校区。这招非常有效，我基本上都能如愿以偿。如果你觉得这让我显得像个"戏精"或麻烦制造者，那么你的直觉完全正确。在斯特恩商学院，我更像一个自由代理人，而不是正式的教职员工，学院对此颇为不满。然而，鉴于我的教学表现尚可，且提升了学院声誉，他们目前对我包容有加。但是，一旦我的价值开始下滑（迟早会发生），他们肯定会毫不犹豫地甩掉我，就像大家放弃选第二节法语课一样。说实话，如果我是他们，我也会这么做。

创业需谨慎

成功企业家的素养并没有因为我们迈入了数字时代而多有改变。在创业过程中,你需要更多实际动手开发产品或业务的人,而不是那些专注于品牌塑造和营销的人,因此,拥有一位技术专家作为创始团队的一部分或紧密的合作伙伴便至关重要。不过,要想成为一名创业者,你首先需要回答4个关键问题。

1. 你能成为支付者,而非领薪者吗?
2. 你能坦然面对公开的失败吗?
3. 你喜欢销售吗?
4. 你是否有冒险精神?

你能成为支付者，而非领薪者吗？

我认识一些有能力创建伟大企业的人，但他们永远不会成为老板，因为他们无法接受这样的现实：每周工作80个小时，到了月底却需要给员工发薪水，而不是自己领工资。

除非你创办过公司，并成功引领它走到退出阶段，或者你有途径获得种子资金（可惜大多数人都没有这种昂贵的资源），否则你必须经历艰难困苦，直到筹措到足够的资金来支付员工工资。事实上，大多数初创公司根本无法获得所需资金，大多数人也无法接受自己辛苦工作却没有报酬，而超过99%的人永远不会冒着投资风险去体验这种所谓的"工作乐趣"。

你能坦然面对公开的失败吗？

大多数失败其实都是私密的：你决定不去读法学院（其实是没通过入学考试），花更多时间陪伴孩子（实际上是丢了工作），或者打算做某个"项目"（其实是找不到工作）。然而，创业失败是公开的事实，几乎无法被遮掩。毕竟，创业是你的事，如果你真有那么出色，那么你的事业应该很成功吧？可惜，现实往往不尽如人意。当众遭遇失败的感觉，就像是小时候在学校不小心尿裤子后产生的羞耻感。而这次让你跌倒的"市场"，就像是一个六年级的孩子在对着你冷嘲热讽……只不过难堪程度要高出百倍。

你喜欢销售吗？

"企业家"三个字几乎等同于"销售员"。你要说服他人加入你的公司，让他们愿意留下来，吸引投资者，还要把产品卖出去。不管你是在经营一家街角小店，还是管理拼趣这样的大公司，只要是创业，你就必须擅长销售。销售意味着你要打电话给那些根本不想接你电话的人，假装你喜欢他们，即使被冷落，也要接着打。如果我的自尊心强烈到不想再做销售，那么我就不会再创办新公司了。我曾经天真地以为，L2团队的集体智慧足以让产品自动售卖，虽然有时看上去也的确如此。我以为，世界上总该有一种不需要你一次次地放低姿态去推销的产品。然而，根本没有。

谷歌有一种算法，几乎能回答任何问题，精准识别出对产品感兴趣的人，并在对方有购买意向时投放广告。然而，即便拥有这样的技术，谷歌仍然需要雇用成千上万名外表出众、智商一般但情商极高的员工，使其不遗余力地推销谷歌。创业本质上就是一份销售工作，而且在你成功融资、实现盈利或破产

（无论哪个先发生）之前，它都是一项收益为负的销售工作。

好消息是，如果你喜欢并擅长销售，那么你将能够轻松赚到比任何同事都多的钱。而且，他们会特别嫉妒你。

你是否有冒险精神？

在大公司里脱颖而出绝非易事。你需要具备一系列独特的技能，比如与他人友好相处，忍受不公平的待遇和各种无理要求，还要有足够的政治智慧——通过优秀的表现引起关键利益相关者的注意，赢得高层管理者的支持。然而，你如果在大公司的环境中更如鱼得水，那么从风险调整的角度来看，继续留在大公司是明智的选择，而不是在小公司中为了渺茫的成功机会而苦苦挣扎。对我而言，由于我从未有能力在美国这些历史上最强大的经济平台中取得成功，创业反而成了我的生存之道。

在那些众所周知的辍学创业成为亿万富翁的故事的影响下，我们往往对创业有着一种浪漫化的想象。实际上，你需要认真反思，并询问自己信任的朋友，你会针对上述有关个人特质的关键问题给出什么样的答案。如果你对前两个问题的回答是肯定的，同时在大公司里并不愉快，那么请勇敢踏入这个混乱的、充满了不确定性的创业世界。

识别危机预警信号

1999年，我同一群旧金山的互联网创始人及CEO来到一个机场考察私人飞机。那年我34岁，自认为拥有一架一居室大小的私人飞机，以0.8倍音速穿越大气层，是理所当然的事。我自诩为天才，理论上完全能够负担得起一架相当于我母亲工作1 000年才能买到的湾流飞机。

一群30多岁的家伙在张罗着买飞机，而且还自认为理所当然。这显然是一个再明显不过的信号，说明笼子里金丝雀的好日子不多了。没错，这些初露锋芒、一副"宇宙之主"模样的年轻人很快就会被生活狠狠地教训一顿。我们的确吃到了苦头，我也没能买成那架私人飞机。不过，我拿到了捷蓝航空的Mosaic会员资格。

摩根大通的CEO杰米·戴蒙曾表示，金融危机"每5~7

年就会发生一次"[26]。距离上一次经济衰退已经有十多年。在你经历了足够多的经济周期之后，你就会明白当前的经济状况只不过是经济曲线上的一个小点，而这条曲线的走向会以比你想象中更快的速度发生改变，无论是好是坏。

资产泡沫指的是某种资产的市场价格在一种乐观情绪的推动下，远远超出了其内在价值或基本面所能支撑的水平，最终导致崩盘的现象。[27]在1999年，我告诉自己，下一次一定要聪明些。这里的"下一次"指的是，在泡沫即将破裂或经济衰退来临之际，我能够全身而退。

那么，我们如何才能识别出危险信号，并进行相应的行为调整呢？其实，有一些硬性指标可以说明我们可能正在接近一个全面爆发的泡沫时代[28]，其中就包括我在纽约大学的同事倾注了大量时间思考的问题，他们对这些问题的理解要更为透彻。但是，你无须一项诺贝尔奖就能够看清1999年和2019年的相似之处[29]，一些较为主观的指标在特定的环境中反而是更好的预警信号。

市场或公司即将陷入周期性困境时通常有以下迹象。

- **估值、市盈率和宽松信贷导致泡沫膨胀的指标，是理性判断"金丝雀已死"的信号。**全球鲜为人知却极为成功的对冲基金经理塞思·克拉曼最近警告说，刺激政策带来的"糖分过剩"加上高胆固醇式的保护主义，最终不会有好结果。

- 当国家和企业开始大建高楼时，可要当心了。泛美大厦、西尔斯大厦以及新兴市场中拔地而起的无数个巨型建筑，基本上都是耗资数十亿美元的炫耀之作。它们乍看之下可能还不错，但实际上俗气不堪。

- 公司CEO的过度自我营销往往是公司最明显的衰败信号。提醒你是时候出售公司股份的最强烈的信号之一，就是公司CEO开始追逐好莱坞式的风头，频繁地上杂志、拍广告。无论是戴维·卡普出现在 J. Crew 广告中，还是丹尼斯·克劳利拍摄了 Gap 广告，他们的表现实际上是在提醒我们，他们的公司将很快风光不再，市值大跌。玛丽莎·梅耶尔在《时尚》杂志9月刊上有一篇3 000字的专访文章。与此同时，她花费了300万美元的股东资金赞助了《时尚》杂志主办的纽约大都会艺术博物馆慈善舞会。这些都是她商业决策不当的信号。基于同样的思路，她又花费了10亿美元的股东资金收购了出现在 J. Crew 广告中的那个人的博客平台汤博乐，结果发现自己买下的原来是一个收入微薄的色情网站。

- CEO 的穿着也能透露不少信息。当他们开始穿着黑色高领毛衣登台时（模仿并暗示"我是下一个乔布斯"），这通常并不意味着乔布斯转世，而更可能是公司的股价即将暴跌（比如杰克·多西），或者美国食品药品监督管理局禁止某个人进入自己的实验室（比如伊丽莎白·霍姆斯）。

- **资质平平 + 两年的技术工作经验 = 六位数的年薪**。那些刚毕业两年的普通程序员在市场上拿着 10 万美元以上的年薪。[30] 问题是，他们还真觉得自己值这个价。如果你会编程，那么恭喜你。但实际上，你并没有真正过硬的技术或管理能力。没有意识到自己的工资过高可能意味着，当你面对现实的打击时，你也许会因为没有足够的积蓄而不得不住进父母家的地下室。

- **商业地产的竞价战**。那些被投资者视为下一个谷歌的公司，凭借着廉价资本活跃在纽约和旧金山的街头，不仅推高了商业地产的价格，还与亚马逊、苹果、脸书和谷歌"四巨头"展开竞争[31]，这些巨头正在纽约市大规模地购买顶级地块[32]。

- **对年轻人的盲目崇拜**。在经济危机爆发前，32 岁的我作为互联网企业家被邀请参加达沃斯世界经济论坛[33]

的年会。那时的我俨然一副新一代"宇宙之主"的姿态。不少与我碰面的CEO都想要听从我的商业见解，就好像我有什么真知灼见。但实际上，我什么也没有。我只不过是一个32岁略有才华的年轻人。如果放在其他时候，我最多能过上一种还算体面的生活。可在当时，我被看作《星球大战》里的绝地武士"尤达大师"，面对一群比我更有才华的商界人士侃侃而谈，教授对方如何做大做强。然而，随着互联网的泡沫破裂，我34岁重返达沃斯时，压根儿没人想搭理我。

形势艰难时，人们倾向于依赖年长的领导者；而在形势向好时，人们更愿意选择年轻的领袖。埃文·斯皮格尔和杰克·多西都是极具才华的年轻人，他们创建了价值数亿乃至数十亿美元的公司，但是还达不到数百亿美元的规模。像色拉布、WeWork、优步和推特这样的公司，其总市值超过了波音公司，均由富有才华的年轻人担当大任。但是，在这些年轻人职业发展的下一个阶段，他们可能因为市场变化而只有晋升为公司副总裁的机会（这还是乐观估计），并为自己能获得这样的职位而心怀感激。作为曾经20多岁就领导"新经济体"公司的CEO，我敢说，年轻的成功者的致命硬伤就是不知道自己会面临失败。年轻的CEO往往勇敢无畏，会有令人意想不到的疯狂之举。有些疯狂之举可能会成就天才之作，但是在大多数情况下，他们由于缺乏经验，并不适合领导关乎数百个乃至数千个家庭生计的大公司。

　　如果科技热潮继续升温，那么在未来10年内，出现一位年轻的亿万级科技公司的创始人兼CEO并非不可能。倘若真是如此，我们可能会面临类似"经济僵尸末日"的危险局面。即便这位年轻的CEO穿着黑色高领毛衣，对待员工态度恶劣，身上满是象征叛逆的文身和鼻环，我们的社会依然会把他视为救世主。毕竟，我们现在崇拜的不是良好的品格，而是创新和年轻。

学会应对经济泡沫

我曾经独立创办或联合创办过9家公司。与一家公司的成败最直接相关的因素是什么呢?从我的经验来看,那些最终取得成功的公司,都是在经济衰退期行将结束时(比如1992年和2009年)创立的。那时的人才、房地产和服务的成本都普遍较低。我们在2009年迎来了L2的首席战略官,她成为我们走向成功的秘密武器。她原本被一家咨询公司聘用,但由于经济衰退,她的入职时间推迟了,而我开出的每小时10美元的薪水成为她当时最好的选择。(当然,她的收入早已今非昔比。)

相比之下,我在经济繁荣期(如1998年和2006年)创办的公司却遇到了诸多挑战。当经济形势一片向好时,想吸引顶尖人才就变得极其困难,因为他们早已在其他地方取得了成功。

于是，公司能够招揽的往往是平庸之辈。与此同时，廉价资本就像是致幻剂，容易让我们对产品和服务的市场表现产生误判。此外，如果你在大公司里表现出色，公司为了避免你跳槽到像 Squarespace 这样的企业，往往会开出更高的薪酬来挽留你。而对经营初创公司（或任何类型的公司）的人来说，筹集资金是一场长期战斗，甚至要做好完全筹不到钱的准备。你如果计划筹集 100 万美元，那么最好着手筹集 500 万美元。通常情况下，最好是在不急需资金时就开始融资。至于商学院，没必要去读（当然，除非是纽约大学的商学院）。如今的商学院业已成为精英与迷茫人士的聚集地，或者是躲避经济衰退的庇护所。如果在经济繁荣期，你在某个大公司里表现优异，那么你最好不要轻易离开。

公司的未来发展还有待观察，但是如果你觉察到了一些不好的苗头，以下是一些应对之策。

出售资产

2017 年，由于强烈预感到经济泡沫即将破裂，我决定出售资产，至少是那些我不打算持有超过 10 年的资产。如果你还年轻，投资组合或许能承受市场波动（毕竟市场的起伏难以精准预测）。但如果你是企业家，或者市场投资占据了你大部分的资产，那么我想说，尽管牛市未必是出售的最佳时机，但也绝对不是一个糟糕的选择。我们在 2017 年出售了 L2。我当时对这家公司的前景充满了信心，但是我也深知市场周期的力量远胜于个人表现。截至 2017 年，我们已身处牛市 8 年之久，所以是时候做出一些必要的调整，甚至可以说调整的时机很可能已被悄然错过。

尽管有一些广为人知的例子表明，有人通过极度集中的资产配置赚了数十亿美元（如杰夫·贝佐斯、比尔·盖茨和马克·扎克伯格），但请记住，你并不是他们中的一员。投资和积累财富的基本原则之一就是追求资产的多元化。如果你拥有的某类资产（无论是股票还是房产）大幅升值，并占据了你财富的大部分，请尽可能地将这部分资产变现。如果有人（如董事会、投资者、市场或媒体）对你施压，建议你不要出售，请先想一想这些人是否已经非常富有。如果是，那么你完全可以无视他们的建议。就我的个人经验而言，每当某项资产（通常是我公司的部分股票）大幅增值时，如果我没有及时变现，市场会通过公司价值的暴跌来替我完成"多元化"。记住，最好是由你，而不是由市场，来决定如何分配你的资产。

持有现金

我手中 80% 的财富都是现金。大多数理财经理会告诉你，这么做很愚蠢。不过，这可不是我做过的最愚蠢的事。比如，我 32 岁那年，有人愿意出价 5 500 万美元收购我的第一家公司，我拒绝了。那家公司当时的年收入只有 400 万美元。再比如，我曾经把所有的钱都投进了科技股。所以，蠢就蠢吧。每当经济泡沫破裂的时候，我宁愿手里握有大量现金。市场崩盘时，一些优质公司的股价会大幅下跌，比如威廉姆斯-索诺玛的股份曾经跌至每股 5 美元，而苹果公司的股价也一度跌到每股 12 美元。这和那些高估值的公司，比如 Snap，形成了鲜明的对比。因此，我宁可放弃一些收益，也要确保在每次经济衰退时都站在正确的一边。

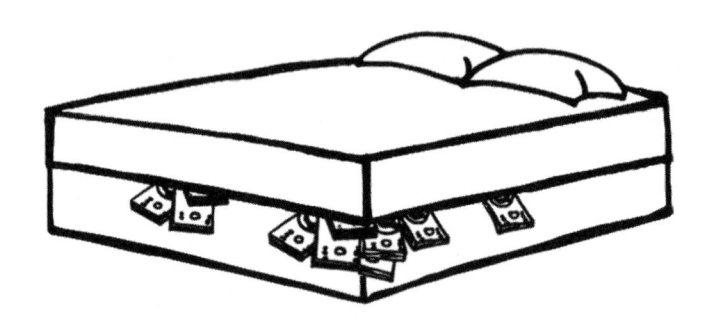

聪明的理财顾问总会说,要始终在市场中有投资。可我就是忍不住……想把钱放在床垫底下。

心怀谦卑

问题的关键在于,当你表现亮眼、一帆风顺时,你要意识到这并不全是自己的功劳。事实上,是时代的发展潮流在推动你前进,由此产生的谦卑感会让你量力而行,并在经济上和心理上为下一次的周期性波动做好准备。此外,当你陷入低谷时,也请记得低谷不可避免。你的谦卑会帮助你认识到,你没有重要到会造成这一切,你也不是市场让你以为的那个"笨蛋"。

衡量重要事项

我们往往会本能地"以指标为导向"进行管理。那些我们重视的指标，实际上就像是引导我们的意图、行为和价值观的护栏。每个人的内心都有一个自己的乐活手环或苹果手表，时刻努力在生活的各个领域达到某些标准。你关注的指标和对你而言至关重要的那些数字，通常能反映出你的本质。以下是我时刻留意的重要指标，不论是好是坏。

净资产。我经常会想到钱，我知道这听起来不太好。当我没什么钱时，我不会去关注它的变动。即使是现在，当我知道投资组合表现不佳时，我也会好几天不看经纪账户，因为我不想让自己因此心烦或沮丧。而且，我总觉得市场在大多数情况下都会反弹。同生活中的许多事情一样，市场从来不会像看上去那么好或那么糟。就个人而言，我更倾向于做私募股权或风险投资，而不是对冲基金，因为如果每天都要面对一个"成绩单"，那个压力实在是太大了。

有钱人总说自己不在意钱，这完全是胡扯。他们最在意的就是钱。事实上，所谓"富人不在乎钱"的说法，只是为了平息那些比最富有的人拥有更少资产的那些人的不满情绪，防止他们因愤怒而发动革命。难道富人是因为自己既善良又有才华，才不知不觉变富的吗？（"哎呀，我怎么突然变富了？"）正如我之前所说，那些鼓励你追随内心热情的人，实际上早已功成名就。他们长期坚定地走在一条对成功充满执念的道路上。对他们来说，在毕业典礼上说句心灵鸡汤，远比告诉你为了成功每周需要工作60~80个小时更容易赢得掌声。

我认识的每一位富人都会非常细致地计算他们的净资产，而且他们还经常这么做。因为在资本市场中，保持灵活性至关重要，否则很容易失去很多东西。我们生活在一个资本主义社会，财富的多少是未来的医疗保障、居住环境、家庭关系以及子女教育质量的一个重要的前瞻性指标。

580。在我20多岁大学毕业后第一次申请住房贷款时，我遇到了不小的困难，因为我的信用评分只有580分。这并不是因为我赚得不多，而是因为我不够负责或不成熟，甚至是有些愚蠢，没能按时支付账单。因此，我总觉得自己的头上高悬着一个醒目的"580分"。

12万和35万。这两个数字分别是我的推特粉丝数和我的优兔栏目"赢家与输家"的每周浏览量。这个栏目在2018年底停止更新。虽然我并不沉迷于社交媒体，也并非特别喜欢它，但我非常在意观众的反馈和肯定。我每天都会反复查看他们的评论，以及点赞和转发的次数。这给我的感觉就像是我随身携带着多巴胺滴注，时刻能让我兴奋不已。

一年两次。我的父亲已经步入晚年，虽然目前没有什么紧急状况，但他毕竟离人生的终点更近了。从一般的角度来看，这意味着时间可能不多了。在过去的5年里，我一年最多见他两次。尽管我总是在心里为自己辩解，说我一直在努力让他生活得更舒适，而且每个星期日都会和他通话，但我知道，如果认真审视，真相是残酷的……我并不是那个我想要成为的好儿子。

400。在过去的15年里，我每年平均教400名学生。我很喜欢他们，而且在大多数情况下，他们也喜欢我，并认为我让他们变得更有价值。许多学生经常主动联系我，表达他们的感谢与敬意，这让我觉得自己所做的一切充满了意义。

3，4，2。我创办了9家公司：3家成功，4家失败，还有2家介于成功和失败之间。我觉得除了美国，不会有其他国家能给我这么多次的机会。

基准、指标和里程碑各自承载着不同的意义，有的平凡无奇，有的深远重大。而责任感和洞察力，往往源自对数字的深入分析。数字帮助我们理解市场，揭示价值创造的方式，也促使我们反思究竟想过上怎样的生活。定期审视生活中的各项指标，是一种健康的习惯。说到底，我该去看看我的父亲了。

明确目的和手段

在加州大学洛杉矶分校读大一的时候,我在兄弟会里认识了当时读大四的戴维·凯里。我们两个人截然不同,谈不上是朋友。他当时负责校报《每日布鲁恩》(*Daily Bruin*),有个稳定交往的女友劳里。他总戴着一副大眼镜,看起来像40岁。而我那个时候还不成熟,根本不懂如何维持一段长久的感情。我经常扎着马尾,抽着烟,还参加校赛艇队。30年后,凯里依然和劳里在一起,负责赫斯特集团的杂志业务,他还是戴着那副大眼镜,依旧像40岁。而我呢,整个人早已脱胎换骨。凯里这些年好像丝毫未变,而且这种不变令人感觉美好。

我20多岁时就知道他毕业后发展得不错,因为朋友们见面时每次都会聊起"谁混得好",而凯里的名字总被提及。他是业内最年轻的发行人之一,后来在康泰纳仕公司担任高管,

30多岁就成为《纽约客》的发行人。凯里经常和我联系，邀请我去康泰纳仕公司共进午餐。我们通常会在弗兰克·盖里设计的餐厅里吃寿司，周围一圈都是时尚界的年轻人。他们大都靠着父母入行，外表看上去光鲜亮丽。安娜·温图尔和S. I.纽豪斯二世就坐在位于角落的包间里。那时，我在旧金山创办科技公司，身边人大都是那种只要他们走出房间，整体气氛就会轻松起来的类型。每次我去纽约和凯里共进午餐时，看着身边"穿着普拉达的恶魔"，感到自己不仅在"与时俱进"，而且生活得无比精彩。作为回报，每当我的风险投资合伙人唠叨着要打造品牌形象时，我都会豪掷重金，在《纽约客》和《造型》杂志上投放广告。有一天，就在那家寿司餐厅，我决定搬到纽约。

凯里离开康泰纳仕后，开始邀请我去赫斯特大厦55楼的一家私人餐厅共进午餐。那里的服务生个个西装革履，为我们端上店里知名的酥皮点心。那时，我已经开始在纽约大学教书，无法在商业上助凯里一臂之力，但我们成了真正的朋友。凯里一直遵循着和朋友定期联络的原则。如今的我们几乎没有职业交集。我曾经因为他的提议给《时尚先生》杂志写过一篇文章[34]，但除此之外，再无合作关系。尽管如此，我们的私人交往反而愈加亲密。这主要缘于我们都认识到了一种我们在十八九岁的年纪丝毫没有感受到的幸运。随着年龄的增长，我们才逐渐明白这种幸运何其重要。我和凯里都来自洛杉矶普通的中产阶层家庭。应该说是加州纳税人的慷慨和加州大学董事会的远见给了我们提升自我、获得成就并实现生活意义的机会。

2018年，凯里宣布他将辞去赫斯特杂志总裁的职务。在我们共进午餐时，他提到了这个计划。我当时觉得完全没必要，因为他还算年轻，并且在赫斯特这样一家善待员工的公司里备受尊敬。我建议他不要贸然离职，因为他已经快要"跑完三垒"接近圆满了，完全可以在这个位子上多坐几年。然而，我第一次在凯里身上感受到了一种难以抑制的情绪（他这个人一向坚强）。他对我说："我想提携后辈，而且也厌倦了总做解雇朋友的事情。"

在一个年增长率高达50%的行业里担任高管，想赢得别人的赞赏可以说是轻而易举。然而，想从行业中全身而退，保住友谊和声誉，就如同在40摄氏度的高温下跑赢波士顿马拉松一样困难。

凯里是我的榜样，这并不是因为他事业成功。说实话，我认识许多成功人士，但凯里让我真心佩服的地方是他从未偏离方向……而我和许多人甚至可以说和大多数有抱负的人一样，都曾在生活的某个阶段迷失过。事业成功只是达成目的的手段，真正的目的是为家人提供经济保障,更重要的是,与家人和朋友建立起有意义的深厚关系。30多年来,凯里与妻子相濡以沫,共同养育了4个出色的子女。孩子们总围绕在他的身边,深深地爱戴着他。他的朋友们对他满心敬佩,也感受到了他对他们的尊重。

我和凯里最终在职业上达到了相似的高度(自夸一下)。我的成功主要归于加州大学的教育、勤奋工作以及敢于冒险的精神。凯里的成功同样得益于加州大学的培养、努力工作,但更重要的是他卓越的个人品格。

从拒绝中学习

高中时，我连续 3 年竞选班长，结果都输了。根据这个"辉煌"战绩，我显然应该去竞选学生会主席。我参加了竞选，结果又输了。我还被学校的棒球队和篮球队刷了下来。我两次申请加州大学洛杉矶分校，第一次被拒，第二次入选。我记得在拿到录取通知书之后，我和妈妈还专门去了一趟位于塞普尔韦达大道的著名的美式犹太风味餐馆朱尼奥弗熟食店庆祝。

一踏进大学校园，我便急匆匆地申请了 5 个兄弟会，最后只被其中一个想招满人好分摊房租的兄弟会接纳。大学毕业时，我面试了 22 家公司，但最终只收到了摩根士丹利的入职通知。

我准备读 MBA 的时候，申请了不少学校，但相继被斯坦福大学、印第安纳大学、沃顿商学院、杜克大学、得克萨斯大学奥斯汀分校和凯洛格商学院拒绝。最终，加州大学洛杉矶分校和伯克利分校哈斯商学院抛出了橄榄枝，而我试图打动他们的说辞同我申请本科时一模一样："我不突出，却是一个土生土长的加州孩子。"

在商学院，我又一次竞选班长，但再一次败选。从商学院毕业后，我一共创建了9家公司，但大都以失败告终。

勇气造就机缘

我喜欢喝酒。酒精在我的成长过程中发挥了积极作用，因为它大大扩展了我的社交圈，它就像是抵御被拒绝的一套凯夫拉防弹衣。几杯酒下肚之后，我会变得更幽默、更亲切、更自信、更投入、更友善……总之更出色。（哼，我已经做好了迎接法官信件的准备。）记得有一次，在位于迈阿密海滩的罗利酒店的泳池旁，我看到了一位令我心动的女生。我暗下决心，一定要在离开前和她打个招呼。于是，我立即点了一杯酒为自己壮胆（实在是不以此为荣）。你想想，要在大白天走到一位坐在沙滩椅上的女生面前，当着与她同行的另一位女生和一位男生的面搭讪实在是需要巨大的勇气。相比之下，向风险投资开口要钱简直是小菜一碟。我经常同学生讲，如果不冒险一试，哪怕是冒着被拒绝的风险，那么什么好事也不会发生，因为勇气造就机缘。

我愿意直面来自大学、同辈、投资者以及女性的拒绝。这份愿意接纳被拒绝的勇气让我受益良多。清楚自己想要什么是一种福气，而害怕被拒绝往往是比缺乏才能或市场运气更大的成长障碍。我们可以通过每天锻炼自己去冒险，比如要求加薪、在派对上主动介绍自己等，逐渐习惯去追求那些超出我们当前能力范围的目标。

要知道，我大儿子的中间名就是罗利（罗利酒店）。

成为一名优秀员工

员工：被公司雇用、提供服务并因此定期获得报酬的人。

我现在是高德纳咨询公司的一名员工，正是这家公司收购了L2。收购过程虽然有些痛苦，但似乎比我预期的要轻松一些，因为这里的同事既聪明又友善。我上一次做员工还是25年前在摩根士丹利，那是我从加州大学洛杉矶分校毕业后的第一份工作。在那之前，我做过几十份兼职，但从来没有享受过什么医疗保险或者有望成为某个公司的一员。作为一名员工签署通过劳动换取报酬的合同是资本主义经济的一大特征，也是大多数美国人的生活常态。

媒体每天都在鼓吹成为一个企业家所需具备的技能和素养，比如富有远见、具有冒险精神、做事坚韧不拔等。然而，如何才能成为一名优秀的员工鲜少被提及。我几乎不具备成为一名优秀员工的技能和素养。人们常常以为我是因为拥有了无法在普通公司施展的非凡才能才成为企业家的。事实上，90%以上的企业家之所以创办公司，并不是因为他们具有特殊的才能，而是因为他们无法成为公司的一名高效员工。从风险调整的角度来看，在一个大公司里做一名员工比成为一个企业家更有回报。然而，这一点往往被高唱"创业、创新"赞歌的媒体忽略。

优秀员工的素养包括以下这些。

1. 做一名成年人。 做成年人的确不好玩，因为你不得不做一些你不想做或者你觉得毫无意义的事，比如在拥堵的交通高峰期通勤，参加与自己的工作并不相关的会议等。这些事意义不大，但是，公司会向你支付报酬，其中包含了你去掉某颗痣的费用。所以，做一名成年人意味着你知道自己不可能为所欲为。

工作是为了你自己，或者说，你所做的大都是为了你自己。只有当你为自己负责时，一切才有意义。那天，我走进办公室，看到桌子上放着公司新发的月历。月历的每一页上都印有一句励志格言，比如，1月的标语是"探索、学习和成长"，这真是让人大开眼界。我觉得，在职场张贴励志格言就是在虐待员工。我讨厌这种形式主义的作风，将这一点写出来才能让我感觉好一点儿。

2. **礼貌得体**。作为一个企业家，通常也是负责人，我的直率会被浪漫化地解读为富有远见和领导力。然而，这种夹杂着怒气、坦诚和反馈意见的工作方式并不适合普通员工，因为"正确"与"有效"是两回事。员工需要在这两者之间找到平衡，并意识到他们是团队中的一分子，彼此的支持至关重要。在中小型企业里，如果遇到一个难以相处的人，那个人往往就是老板。但随着公司规模扩大，领导者不能再是个浑蛋，因为这种"激进的坦率"不适用于大公司。小公司依赖6~12个顶尖员工的拼命付出，大公司则依靠着数百位甚至数千位举止得体的B+员工来发展。

3. 拥有安全感。为他人工作往往意味着你不得不面对各种不确定性。你可能常常无法解读他人的言语，或非言语的表达与暗示，甚至难以理解自己的绩效评估结果。你不知道那些掌控着你经济命脉的人对你有什么想法或者没有什么想法。我刚毕业时就极度缺乏安全感（现在也没好到哪里去），每次看到别人走进会议室，我便会担心他们是不是在议论我。正是这种不安，而非远见，促使我走上了创业的道路。

如今，作为高德纳咨询公司的一名员工，我只需要处理一部分常见的烦琐事务，而我也比以前更加从容不迫。我不清楚是因为他们对我心存顾虑，不知道该如何与我共事，还是根本不关心我……但他们通常不会干涉我，还会给予我支持。作为一名员工，尤其是在自己创办的公司里没有直接下属，那个感觉颇为奇怪……和其他人一样，我也是通过电子邮件才得知公司的"宏图大计"。我有点儿像飘浮在太空中，虽然穿着亮丽的宇航服，令人刮目相看，视野开阔（所谓的成功），但我已不再与母舰紧密相连。我的不安感再次浮现：我是否在创造价值？我在这里究竟在做什么？他们喜欢我吗？

职业咨询

工作中最让我有成就感的是，那些信任我的年轻人常常来询问我有关他们下一步或职业发展方面的建议。到了人生的这个阶段，我称这些人为我的"孩子"。他们逐渐成为我关心的"成年孩子"，我会关注他们的健康成长。这种连接非常令人满足，因为它让人体验到一种没有血缘关系却胜似血缘关系的情感连接。

我就像是突然出现在纽约喷气机队训练场上的乔·纳马斯，每个人都对我心存敬意，想和我打招呼、聊几句。可是，我又担心自己不久后会变成"醉酒的乔·纳马斯"。届时，每个人都在盘算着怎样礼貌地、尽量不尴尬地让我离开。我想，在那一刻真正到来之前，我还勉强算是公司的员工。

成为榜样

二年级时，我是一个来自传统小家庭的独生子，父亲是国际电话电报公司的副总裁，母亲是一名秘书。我们住在拉古纳尼格尔的一栋房子里，从那里可以俯瞰太平洋。到了八年级，我变成了单亲家庭的孩子（母亲仍然是一名秘书），住在韦斯特伍德的一间公寓里。三年级时，我和黛比·布鲁贝克因为数学和英语成绩优异，跳级去了五年级。然而到了八年级，我又因为微积分课不及格，被老师建议降级去学代数2。

四年级时，我作为投手和游击手入选了全明星棒球队。可是到了八年级，我的身高迅速增长但体重没跟上，结果我虽然拥有了13岁的身高，但协调性和力量似乎停留在了9岁。当时，我就读于一所规模很大的多族群学校，班里有些同学已经可以扣篮了。而我最要好的两个朋友的父母认为这所学校不合适，便将他们从埃默森学校转走，送进了私立学校。

我从各方面还不错变成了各方面都不行。我成绩不好，朋友也少，更没有真正的自我认知，活得就像个隐形人。

我妈妈当时的男友名叫兰迪，他住在里诺，经营着一家餐饮用品公司。他很有钱，或者看上去很有钱。但真正重要的是，他对自己女友的儿子十分慷慨，而且关怀备至。他每隔一周就会和我们一起共度周末，和妈妈外出旅行时也总带上我。兰迪还给我买了我人生中的第一块高级滑板——Bahne 牌滑板。此外，他帮我们支付了韦斯特伍德公寓的按揭贷款，因为做秘书的妈妈根本无力负担。这的确让我们母子的生活好过了不少。然而，兰迪其实已婚，还有一个正在上学的儿子。不过，那是另一个故事了。

一个星期日的晚上，兰迪正收拾行李准备离开，我问了他有关股票的事情，因为我在电视上看到当地新闻主播杰瑞·邓菲提到了股市。他一边叠着毛衣，把那些有档次的洗漱用品——英国皮革古龙水、巴巴索剃须膏和男士护肤须后水——放进皮质的多普旅行包里，一边给我普及股市知识。当门外的出租车按响喇叭时，我帮他把包拎下楼。临走前，他在餐桌旁停了下来，从钱包里掏出两张崭新的百元美钞放在了桌上，对我说："去附近的券商那里买点儿股票吧。"我问他要如何操作时，他笑着说："你这么聪明，自己想。如果等我下次回来你还没弄明白，那你得把钱还我。"那是我第一次见到百元钞票。

我将两张百元大钞夹进了《大英百科全书》里。第二天一下课，我便径直来到威尔希尔大道和韦斯特伍德大道的拐角处，走进了美林证券的大堂。我只身坐在接待区，就像是……隐身了一般。那里的工作人员既不是不友好，也不是很粗鲁，只是对我视而不见。我感到越来越别扭，于是，我起身离开，走进了街对面的迪安·威特公司。我一进去，一位佩戴着夸张金饰的女职员便问我需要什么服务。我告诉她我想买股票。她稍有停顿。我顿时又不自在了起来，赶紧说："我这里有200美元。"我将早上装进信封的两张崭新的百元大钞一齐掏了出来。她即刻站起身，递给我一个有透明窗口的信封，让我稍等片刻。我坐在那里，又将那两张钞票放进了那个有透明窗口的新信封。透过信封上的窗口，我看到了本杰明·富兰克林的头发和耳朵。

这时，一位鬈发年轻人走了过来，问我叫什么名字，并自我介绍道："你好，我叫赛·科德纳。欢迎来到迪安·威特。"

科德纳将我带进了他的办公室，给我上了一堂 30 分钟的股票课。他解释说，股票价格的波动取决于买卖双方的力量对比，每一股股票都代表着公司一小部分的所有权。你可以购买自己喜欢的或看好的公司的股票。他说业余投资者多半感情用事，专业人士则更看重数据分析。最后，我决定用那两张百元大钞购买 13 股哥伦比亚影业公司的股票，代码是 CPS，当时的股价是每股 15.375 美元。

在接下来的两年里，每个工作日的午餐时间，我都会带着两枚硬币去操场上的电话亭给科德纳打电话，讨论我的投资组合。有时放学后，我会直接去他的办公室，亲自了解最新的股票动态。科德纳会输入股票代码，告诉我哥伦比亚影业公司的股票表现如何，并推测股价波动的原因，"今天整体市场下跌"，

"嗯,《第三类接触》好像挺受欢迎","《凯撒的阴影》票房表现不佳"。科德纳还会抽空打电话给我妈妈,倒不是为了推销业务(毕竟我们也没什么钱),而是向她分享我们在电话里讨论的内容,并常常对我赞赏有加。

如果我后来真的成为亿万级别的对冲基金经理,那这个故事就有意思了。可惜,我没有。不过,我因为比大多数的营销学教授更了解市场而获益良多,甚至可以说非常多。更重要的是,13岁的我不再是个隐形人,甚至还有一位杰出的人物每天花时间关注我的成长。兰迪和科德纳让我明白,真正优秀的人会真心关爱一个与自己毫无血缘关系的孩子,关注他的成长与幸福。上高中后,我和科德纳渐渐失去了联系。几年后,我卖掉了当初和他一起购买的股票,用所得收益支付了我和加州大学洛杉矶分校的朋友们一起去恩塞纳达自驾游的全部费用。

回报

到了40多岁,我有幸对自己有了更多的认知。我开始看清自己的优点、缺点、幸运之处,以及让我感到快乐的事。与此同时,我也更加清楚地意识到了自己的不足之处,尤其是那些我的付出远少于我得到的部分。比如,在人际关系中比我投入更多的朋友，比我更忠诚也更慷慨的女友，甚至包括为我在加州大学洛杉矶分校的教育买单的加州纳税人。可惜，我给这些纳税人的回报是一个相当低的成绩——平均绩点2.27。我一直在索取，一直在得到。

我努力想弥补过去的遗憾。十几年前，我决定再次找到科德纳，向他表达我的谢意。我在谷歌上搜索他的名字，甚至联系了如今归属于摩根士丹利的迪安·威特公司，但始终没有任何消息。或许他太过低调，或许他早已淡出了公众视野。我经常在课堂上分享这个故事，在谈到人生导师时，总会提到那些素不相识的人给我的善意，以及这些善意如何影响了我的生活和后来的成功。在过去的十几年里，我还向我的学生发起挑战，悬赏5 000美元寻找科德纳，尽管我心里知道，一切大概是徒劳。

寻找赛·科德纳

在2018年春季的"品牌策略"课上，我又向170名学生发起了"寻找赛·科德纳"的挑战。就在第二天，我便收到了三封主题为"我们找到了赛·科德纳"的电子邮件。这三位未来的"侦探高手"先是在脸书上找到了科德纳的侄子，接着通过他得到了科德纳的电话号码。（值得一提的是，这是社交媒

体带给大家数百万件好事中的一件,尽管我最近对脸书的批评不少。)那个星期的晚些时候,我拨通了科德纳的电话,我们俩聊了一个小时。没想到,我和科德纳的人生轨迹竟然十分相似:我们都毕业于加州大学洛杉矶分校,都曾从事金融业(我们都曾在摩根士丹利工作,科德纳是通过迪安·威特加入的),都经历了离婚,各自有两个孩子,随后都踏上了创业的道路。离婚后,科德纳为了与女儿们住得更近,搬到了俄勒冈州,在那里经营一家名为 Monaco 的高端家具零售店。他计划明年退休。这是我们在失联 40 多年后的第一次联络,以下是科德纳发来的电子邮件。

赛·科德纳〈×××@gmail.com〉
2018 年 3 月 27 日

亲爱的斯科特·加洛韦教授：

　　昨天和你通话让我非常开心。你的人生旅程如此精彩，而且在很多方面都与我的经历惊人地相似。挂断电话后，我同女友聊起我们的往事，她也觉得不可思议！

　　请允许我简单表达一下我的想法和感受。你的坚韧与成功，在很大程度上得益于你从小接受的良好教育，以及你母亲给予你的爱。而且，有一点特别明显：你从年轻时就对知识充满了强烈的渴望（就像当年的我一样）。我为自己在你很小的时候就认识你，并有机会对你产生积极的影响而感到无比自豪。我真心为你感到骄傲！

　　期待再次与你见面！无论何时何地，只要你需要，请随时联系我！

　　此致
　　敬上

赛·科德纳

40多年后，我仿佛又变回了那个13岁的自己。再次有一位慷慨宽厚的长者，让我觉得自己不是那么卑微与渺小。

就在那一年，科德纳即将迎来他的 70 岁生日。他细数自己遇到的各种幸事，准备再婚，考虑出售生意，逐步迈向退休生活。而我也已经 50 多岁了。回望过去，我深感自己何其幸运，同时也在努力弥补过去的不足。

第二部分 $\sqrt{爱}$

爱是人生的目的

爱与关系才是人生的目的，而其他的一切不过是实现这一目的的手段。作为人类这一物种，我们的爱分为多个阶段。年轻时，我们接受并得到来自父母、老师以及其他照顾者的爱。成年后，我们的爱是有条件的。我们爱一个人往往希望能得到某种形式的回报，无论是对方的爱，还是他们带给我们的安全感和亲密感。在这之后，我们才会拥有一份无条件的爱——不计较对方是否有所回应，也不在乎能否得到回报。没有条件，没有交换，你只是选择去爱这个人，毫无保留地希望对方幸福。

被爱的感觉令人舒畅，爱的回报令人满足，而完全付出的爱是永恒的。在这个意义上，你是不朽的。我们生而为人的角色和使命就是无条件地去爱一个人，这是人类繁衍生息的秘诀。为了让人类能够继续毫无保留地为彼此付出，大自然赋予了其最高形式的回报，那就是无条件的爱能够让人体验到最大的满足感和成就感。它在向宇宙宣告你的重要性，你本身就是生命存在和进化的使者。沧海桑田，生命流转，哪怕我们只是宇宙洪流中的一瞬，这一瞬也意义非凡。

选择良伴，共育生命

人生中最重要的决定就是和谁一起生儿育女。与谁结婚固然重要，但和谁一起孕育生命更加意义深远。（请留意，我并不认为人一定要结婚才能生活幸福。）与一位善良、有能力且自己喜欢的人一起养育孩子，你的生活将会拥有无数个充满愉悦的幸福瞬间。相反，如果与一位你并不喜欢或不称职的人一起养育孩子，那么喜悦的瞬间会被焦虑和失望取代。

与一个你爱且爱你的人共度一生，几乎可以确保你的生活充满快乐，并能时常体验到纯粹的喜悦。相反，如果伴侣情绪不稳定或瞧不上你，你将难以真正放松，也很难享受到那些充满幸福的点滴时光。

喜欢那个喜欢你的人

如何才能找到那个人呢？年轻人需要学会克服一种名为"匮乏"的情绪。请让我在此解释一下。进化的关键在于努力超越，将自己的基因与更好的基因进行联结。这是一种自然选择。别人拒绝你的追求其实是在相对准确地表明你在"越级挑战"。从平衡计分卡来看，你最终可能会找到一个在性格、成就、外表及血统等方面与你同等水平的人。被拒绝是一个直接而可信的信号，表明你爱慕的对象拥有比你更好的基因。而且，对方也深知这一点。问题在于你会错误地将自己被拒绝的经历与对方拥有更好的基因联系起来，由此夸大对方的价值，而低估自己的价值。因此，我并不是说人们不应该尝试去追求那些超出自己"重量级别"的人（这是一个人成功的关键特质），也不是说你不应该与那个头发漂亮的高个子男生约会。我只是想提醒你，年轻人可以受益于以下这个简单的道理，即喜欢那个喜欢你的人。

有人认为你很棒，这是你的优势，而不是劣势。我发现，大多数年轻人只有在遭到某种形式的拒绝之后，才会开始与另一个人在一起，并且会将之前的拒绝解读为对方基因优越的信号。没错，你应该尝试"越级挑战"。但是，请不要陷入这样的陷阱：认为某人对你爱搭不理意味着他们比你更好，而某人对你一味追求就是低你一等或不配与你在一起。

  我的小狗"佐伊"总是会选择最喜欢它的人。它简直就是人际关系方面的"奥普拉·温弗瑞"。无论是佐伊还是我们，如果能找到那个通往幸福的捷径，我们便会感到满足，而这个捷径便是找到一个永远把你放在首位的人。

1+1 > 2

我有位朋友，他是一名成功的对冲基金经理，后来搬去了葡萄牙里斯本郊外的小镇卡斯凯什，因为他想要调整生活重心——更多地关注家庭，并享受在葡萄牙的高质量生活。他每次来纽约都会住在我家，这让我很开心，毕竟冬天的纽约大学教师楼有点儿冷清，甚至是压抑（哦，快来抱抱我）。尽管他在业界地位很高，但他有一种强烈的关爱他人的本能，总会自然而然地照顾身边所有的人。有一天我回家后，他说一起去苏荷馆吃晚餐。

我们在餐厅遇到了两位朋友，一位刚订婚，而另一位刚离婚。我们祝贺了即将新婚的那位年轻朋友，继而梳理了在我们这个年纪离婚后的单身生活的每一个细节。

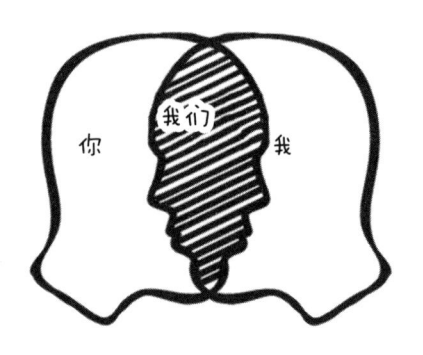

婚姻具有经济优势

单身尽管有单身的精彩，但是显然，单身生活更耗费精力。一个人要精心打扮、做计划、刷交友软件 Tinder、发信息、追求、拒绝和被拒绝、去科切拉音乐节、玩游戏，所有这一切都让人筋疲力尽。一个人如果能把单身生活过得精彩纷呈，他要么是那 1% 不受现实束缚、事事顺利的人（我就认识这样的人，真是让人嫉妒得要命），要么同处理任何事一样，他必须为之付出努力。

研究表明，婚姻具有经济优势。有一位伴侣与你分担开支和责任，可以让你更专注于事业发展。而且，利用群体（夫妻）智慧，人们通常会做出更好的决策（比如"我们不会买船")。婚姻还会简化选择,让你将注意力集中在那些能增值而非贬值的事情上,例如专注于事业发展,而非在意自己如何吸引他人或出现在"正确"的场合。

结婚后,家庭财富的平均年增长率为14%。到了50多岁,已婚夫妇的资产通常是单身同龄人的3倍。其中的关键就在于认真对待什么是"死生契阔",因为离婚会大大削减这些财富。从进化的角度来看,一夫一妻制有助于提升子女的存活概率,从而在整体上有利于人类发展。

给伴侣的建议

婚姻的存在可以追溯至古代社会。我们的祖先需要一个安全的环境来养育子女,同时也需要一种方式来处理财产权益。直到浪漫主义时代,基于爱情的婚姻才成为普遍模式。订婚戒指这个习俗可以追溯至古罗马,因为它圆形的样子象征着永恒的结合。此外,人们一度认为,左手的"无名指"有一条静脉或神经直通心脏。

我在婚姻中的经历还算不错,毕竟结过两次婚,一次很好,另一次非常好。结束第一段婚姻并不是因为它不好,而是因为我想过单身生活。说来话长,那是另一个故事了。

每当有人邀请我在结婚典礼上致辞时,我大都会给出一些建议。当然,这些建议不可避免地都是从男性角度提出的。

不要计较得失。由于人性使然,我们总会高估自己在一段关系中的付出,而低估对方的贡献。那些总是在计算谁为谁做了什么的夫妻不仅会浪费精力,还会觉得是对方亏欠了自己。你应该从整体上去判断这段关系是否带给你快乐和安慰。如果确实如此(最好真是如此),那么努力让自己成为积极付出的一方,尽可能多地为你的伴侣做力所能及的事。

当你的伴侣犯错时,你要愿意放下并原谅对方,因为犯错在所难免。研究显示,体谅和原谅是维持长久的幸福关系的关键因素。美国总是给人第二次机会,所以这个国家的繁荣在很大程度上得益于这种愿意宽恕的文化。在感情中,亦是如此。真正的爱情和伴侣关系往往需要一个人在看似不公平甚至令人难堪的时刻选择原谅。

随着年龄增长,我们会发现付出能给人带来更大的满足感,而斤斤计较会让人无法体验到生活中真实的快乐……那是一种因为爱一个人而无私付出,并将对方永远放在首位所带来的幸福感。照顾他人是对人类发展最重要的贡献，而照顾他人的人也往往更高寿。婚姻是两个人每天关爱彼此的承诺。

永远不要让自己的妻子感到寒冷或饥饿。我的意思是，永远不要。现在回想起来，我和伴侣之间爆发激烈争吵的日子往往是我们没有吃午饭的日子。请买一辆双区控温车。而且，当你们在一家餐厅就座时，在做任何事之前请首先保证你对面的那个人没有因为吹冷风而气急败坏。出门前请记得带一些能量棒和一条可以当作毯子的超大羊绒围巾。你一定会感谢自己有备而来。

尽可能地经常表达爱意。举止亲密、互相触摸和性爱能强化两个人关系的独特性，传递出当剥离一切外在因素时，你依然最想要对方的信息。我们都是动物，关爱与性爱是我们最能展示真实自我的行为。感觉不被需要的人更容易有不安全感，且自我感觉变差，这可能会演变为双方关系中的两大"毒瘤"：冷漠与蔑视。

从我个人的生活经历来看，人生中最有意义的事莫过于家庭和事业。如若没有人与你分享你的成功，那么一切都好似魅影一般，似乎发生了，但又不真切。只有当你与对的人一起分享成功时，一切才会变得真实，进而你才能体验到一种与他人紧密相连的亲近感，让你所做的一切都富有意义。

当你说出"我愿意"三个字时，它意味着"我将关心你、爱护你、滋养你、想要你"。

亲子关系

我大儿子两岁时,每天天快亮便会醒来,将自己最宝贝的东西(比如用火柴盒做成的小汽车)收集起来并放进一个藤篮里,然后拎着它来到我们的房间门口。他会站在那里,拿出手中的篮子,想用自己最宝贵的东西来换取让他上床和我们一起安睡的机会。然而,我们每次都会拒绝他,并带他回到小床。这个过程会在接下来的两个小时里不断重复,直到大家全部起床。有好多个清晨,我们发现他就睡在我们的卧室门外。他想进来但又害怕被拒绝。

说实话,初为父亲时对大儿子的这种拒绝是我最后悔的事情之一。

我们的出发点没有错,因为西方有关共同睡眠的研究强调,让孩子单独睡觉有助于他们建立自己的应对系统和自信[35],而这么做也有益于夫妻之间的亲密关系。然而，没有什么是放之四海而皆准的育儿理念。世界上大多数的文化更倾向于群体睡眠。（需要注意的是，我指的是父母与幼儿同睡。父母与婴儿同床往往存在安全隐患。[36]）多读几本育儿书，你就会发现，根本没有万无一失的育儿之策。

我建议新手父母相信自己的直觉，做自己认为对的事情。我们后来的做法是，大家先各自入睡（尽管家里的小狗会睡在小儿子的床尾），然后观察夜里究竟会发生什么。有些时候，大家会在各自的床上一觉睡到天明；但是在大多数情况下，我们会三四个人挤在一张床上。我偶尔会专门离开那张拥挤的大床，转头来到大儿子刚腾出来的小床上，独自享受一个人安睡的惬意。

在美国，父母往往对孩子与自己同睡的次数讳莫如深。不知道为什么，我们被灌输了孩子与父母同睡不自然的荒谬理念。事实上，还有什么事是比这更自然的吗？日本人就非常推崇共同睡眠[37]，并将这种做法称为"河流"：父母是河岸，而孩子是在中间流淌的河水。

我们家的"河水"时而平静，时而汹涌，不是小脚踢到了脸上，就是突然问起问题（"爸爸，现在该起床了吗？""没呢，接着睡。"）。我的小儿子最喜欢横过来睡觉，整个人压在我的喉咙上，我就像是带了一个快 16 千克重的人肉领结。可奇怪的是，他的这个睡姿反而让我很放松，我就那样打起盹儿，当然也有可能是因为轻微缺氧让我失去了意识。我的大儿子则喜欢用一只脚抵着妈妈或爸爸。而且，他还会每 90 分钟突然坐起身，环顾一周，接着躺倒再睡。

我父亲出生在经济大萧条时期，因此他最担心自己会因穷困潦倒而死（实际上，他过得很好）。而我最担心的是自己的自私自利会让我在亲密关系中投入不足，最后落得个孤独终老的结局。我最早有所投入的就是我的两个儿子。我总想着每周几次在半夜里的小小付出会让我得到回报。床上被挤压的空间，身上偶尔的瘀青，以及睡眠时间的普遍减少，所有这些付出无非都指向一个目标，那就是让他们明白：父母为了他们放弃了很多东西。

我们无不是孤独且脆弱地来到这个世界，继而又孤独且脆弱地离开这个世界。我们渴望在爱我们的人的安抚下进入梦乡。我相信，我们对孩子的付出会让他们在我们年老时，出于本能地陪伴并照顾我们……让我们得以安心入眠。

我爱你

我有两个朋友，他们是夫妻，刚刚失去了一位罹患渐冻症的亲人。在亲人离世后不久，他们开始反思自己所拥有的幸福，并互相问道："如何才能活在当下，更好地把握住这世上的每一个瞬间呢？"丈夫酷爱冒险，所以他提议带上3个孩子一起乘坐一艘高科技的双体船去环游世界。如果说他们俩不是极其能干，能让人放心地将生命和生计交到他们手中，那么这个计划简直就是天方夜谭（妻子是一名医生，丈夫是一位CEO）。即便如此，乘着两块巨大的冲浪板在广阔的海洋上航行，听上去就令人觉得疯狂。

他们先在海上进行了一周的试航。我在照片墙（Instagram）上密切关注了他们的行程。从晚间值班到恶劣的海况再到发动机故障……可以说，各种状况层出不穷。整个过程看上去更像是受罪，而非在勇敢地迎接生活的挑战。所以，当时的我并不理解。然而，之后我看到的一张照片令我恍然大悟。那是一张扁平的二维图片，只见那位丈夫流露出发自内心的喜悦。能够与家人一起，运用自己的技能、力量和智慧去拥抱并征服大自然，让他整个人看上去容光焕发，完全不需要滤镜。共同建造并为彼此的幸福倾注全力，这或许就是人类繁荣的根本。生活中最有意义的事，并非我们拥有了多少奢侈品或享受了多少科技进步（如卡地亚或波音飞机），而是那些在数百万年的进化过程中深植于我们的内心、能够促进物种延续的事。

在我的第一次婚姻濒临破裂之际，我试图通过参加夫妻疗愈来弥补自己的过失。令我没想到的是，我竟然很享受那个过程。我们的治疗师鲍里斯为人聪明且非常体贴，他似乎对我最感兴趣的话题——我自己——也很感兴趣。我曾经问过鲍里斯，他对爱的定义是什么。他回答说："爱是愿意为了他人放弃你已经为自己建立的生活。"如果你想知道我为之前的婚姻做过什么，嗯，这么说吧，我在33岁时甚至都不愿意让我的配偶更改车载歌单……更别说为了她重建我的生活了。我这个人，真是自私透顶。

从这个意义上来说，在有孩子之前，我应该没有真正爱过任何人。直到有了孩子之后，我才本能地、主动地放下自己，转而以他们为中心来安排所有的生活。我花了不少时间进行调整（如上所述，我是一个自私的人）。照顾婴儿很麻烦。好在渐渐地，我作为父亲的本能开始发挥作用。如今，我的周末排满了足球赛、生日会和《神偷奶爸3》。同朋友们共进早午餐、看电视、睡懒觉固然美好，但是现在的我在面对生活中大多数问题的时候，心里暖暖地会有同一个答案，那就是做一切有益于孩子的事情。我想那些没有子女但善待他人的人也会深有同感。

为爱付出

我在和小儿子建立亲密关系时遇到了点儿麻烦。不像我的大儿子，因为我和他一起看球、踢球，所以他觉得我这个老爸还不错。我和小儿子之间就缺少这种感觉。不过，我最近发现他喜欢坐过山车。我这个人连乘坐电梯都会感到有点儿晕，结果为了陪他在加州的主题公园——"诺氏草莓园"——里乘坐过山车而甘愿忍受高速运行所带来的恶心感和恐惧感。玩儿的时候，他快乐到飞起，结束时还问我："是不是特别棒？"我只能违心地表示："没错……真是太棒了……"可是在那一刻，我们是那么亲近。

有一天晚上，我们全家去一个家庭餐厅吃晚饭，恰好碰到那里设有才艺展示。餐厅里放置了一个卡拉OK的开放麦。令我颇感意外的是，我的大儿子竟自告奋勇地要上台表演。他点了一首贾斯汀·比伯的热门单曲《对不起》。没想到，屏幕上的歌词滚动得太快，他一下子就愣在原地，不知要如何开口。我本能地冲了上去，在他耳边轻声地提示歌词，帮他找回状态，跟上节奏。

在这个世界上，没有什么比贾斯汀·比伯或卡拉OK更让我讨厌的了。可是，在自己爱的人面前，我的讨厌完全不值一提。双体船、过山车、卡拉OK，它们都在以不同的方式表达同一件事，那就是，我的生活属于你，我爱你！

情人节

情人节如今已成为庆祝浪漫爱情的节日，但根据维基百科的说法，它最早是为了纪念一位名叫瓦伦丁的早期基督教圣徒。瓦伦丁由于为士兵主持婚礼而被监禁，并在狱中让囚禁他的法官的失明女儿重见光明。在行刑前，他给那个女孩写了一封信，署名为"你的瓦伦丁"。

CrossFit（交叉训练）

你可能听过这个笑话："你怎么能知道一个人有没有练 CrossFit 呢？哈，别着急，他们会亲口告诉你。"

所以，我要告诉你我有练。40 岁之前，我锻炼是为了让自己看上去更有吸引力，提升自我感觉，毕竟我患有躯体变形障碍^①。40岁之后，我锻炼是为了调整心态（作为一种抗抑郁的手段），并尽力延续生命，让自己感觉没有那么老。有相当多的研究表明，运动是唯一的"保持青春的秘方"。我通常是健身房里年纪最大的，比其他人大20岁。这听上去是不是还很酷？其实，一点儿也不。

你看看，他们见到我就像是见到了摇滚界的常青树米克·贾格尔，有一种"廉颇老矣"但老当益壮的即视感。我一走进包厢（不知为什么，CrossFit 把健身房称作"包厢"），就会听到各种热情的评论（"哇，你能来真是太好了！"）。哼，去你的。

坦白说，锻炼其实就是在与时间赛跑。当我还在努力地完成箱子跳、波比跳以及各种折磨人的动作时，其他人已经开始翻手机、互相碰拳了。他们练完了。接着，可怕的事情就发生了。他们发现我还在费力地扭动着，就是像一条在坚硬的地面上待了太久的鱼，喘着粗气，偶尔挣扎一下。这时，他们围上来，不开玩笑地给我鼓掌，加油打气，说一些"你行的，加洛韦！"之类的话。哦，天啊，真是糟透了！

---

① 躯体变形障碍是一种心理障碍，患者会对自己的外貌、体形的某些方面产生强烈的、不合理的担忧或不满，即使在他人眼中这些"缺陷"完全正常或微不足道。这种障碍常常伴随着焦虑和抑郁，患者甚至可能采取各种极端措施来进行调整和"弥补"，例如过度整容、过度锻炼或极端控制饮食。——译者注

我在纽约 CrossFit 健身房的教练名叫肖恩，他是个 23 岁但看上去只有 15 岁的大男孩。他留着一头黑色卷发，穿着荧光红的篮球短裤和连帽衫，对自己和 CrossFit 都非常认真。一个月前，我上课迟到了 10 分钟，他当着其他 20 多岁的学员的面对我说："你如果下次还迟到，就别来了。"（想想我之前设定的课堂迟到规则，可真是够讽刺的。）

请留意，如果你觉得我听上去像是在告诉别人"按我说的而不是按我做的去做"，那么请（再次）相信你的感觉。

最近我参加了美国全国广播公司财经频道的直播节目《财经早班车》，没想到迟到了 20 分钟……结果他们为了我调整了节目顺序。换作肖恩，这怎么可能！他应该早就受够我了。这或许是件好事，让我意识到我需要有人提醒——嗯，你并没有那么重要。不过，我在家里几乎有人天天提醒我。

表达你的爱

开课 10 分钟后,我们躺在地板上做拉伸动作,我满脑子都是在接下来的一小时里要面对的可怕训练。那天是星期三,刚好是情人节,我上的是晚上 7:30 的训练课。拉伸刚开始 5 分钟,一脸严肃的肖恩就听到了一个独特的手机铃声。是谁有急事儿吗?他退到一个角落,正好靠近我做拉伸的地方(其实就是躺在地板上,偶尔动一下四肢),接通了电话。

"爷爷,我正上课呢,我待会儿给您打回去。"

但是,肖恩的爷爷似乎对他的话置若罔闻,并没有理会他的请求,还在继续说。在接下来的 3 分钟里,肖恩每隔 30 秒就会重复一句:"我也爱你,爷爷。"这句话他一共重复了 6 次(我因为拉伸无聊,特意数了一下)。

我不禁好奇他的爷爷会在电话里说些什么,是因为肖恩没有人一起过情人节而在安慰他吗?还是告诉他有关他奶奶或者他妈妈的事呢?又或者是借着节日的由头告诉肖恩他有多出色?无论怎样,有一点很明显,肖恩的爷爷在电话那头对着自己的孙子说了 6 次"我爱你"。

对人生的认知

随着朋友和伴侣的相继离世,老年人会更加接近并直面死亡,他们因此对人生有了更深刻的理解和洞察。正是因为这种认知,营销人员往往并不喜欢老年人。他们开始把自己的时间和金钱更多地花在医疗保健、关爱亲人和为孙辈积攒学费上,而不是购买复古球鞋、苹果手机或咖啡胶囊。简言之,他们变得更加谨慎,不再轻易为高利润的产品买单,而年轻人往往会通过这些消费品来提升自己的吸引力或自我感觉。

我们为孩子倾注了很多心血。例如,当你眼看着自己9岁的当守门员的儿子在试图扑救对方的第11次射门却无功而返时,你只能在场边默默陪伴;或者你艰难地在水上乐园里消化着肚子里的食物。你所有的付出会得到什么样的回报呢?也许,那是在几十年之后,你可以在孙子工作时打断他,忽略他稍后回电话的请求,并每隔30秒说一声你爱他,而后听到他说他也爱你。这个过程重复了……6次。

我对CrossFit既爱又恨。不过,我喜欢肖恩这个小伙子。

找回对爱意的表达

马克·格林在网络平台 Medium① 上发表的一篇文章中提出,男性的爱意表达被剥夺了,而这一点对所有人都造成了伤害。[38] 我非常赞同他的观点。作为男孩,我们从小被教导说,亲密行为要么是为了达到性目的,要么是同性恋的信号,而后者在我成长的时代和环境中被认为是不好的事情。由于这种关联性,即表达爱意不是出于不受欢迎的性动机就是为了表达同性恋的情感,男性的触摸和安抚往往不被信任,大多数男性因此被剥夺了表达爱意的机会,不再通过表达爱意来传递自己对他人的友谊、好感或者爱。

---

① Medium 是一个知名的在线发表平台,平台用户可以发表各种类型的文章,内容涵盖广泛的主题。——译者注

> 触摸对促进人类的交流、联结和健康至关重要……触摸会激活大脑的眶额皮质区域，该区域与奖赏机制和同情心密切相关……触摸传递出安全感和信任感，具有安抚、舒缓的作用。[39]
>
> ——加州大学伯克利分校心理学教授达切尔·凯尔特纳

随着年龄的增长，我开始有意识地努力找回自己对爱意的表达，尤其是在与儿子们相处时。爱意让我们的关系更加紧密。我相信这样做不仅会增强他们的自信，也会延长我的生命。

亲吻

我有一位密友，他名字叫李，来自一个意大利家庭。有一天，我和他以及他的父亲一起出去玩。令我印象深刻的是，当他的父亲走进他的公寓时，两个人非常自然地亲吻了……对方的嘴唇，就像是在握手一样。说实话，在此之前，我从未见过两个成年男子互相亲吻。20年后，我才通过电视剧《黑道家族》了解到，这种亲吻方式完全是意大利人的日常习惯。记得在经历了最初的震惊之后，我在心里觉得这种方式没什么不好。

我就经常亲吻我的两个儿子。这个动作本身就很美，但我得到的回报是儿子对我的尊重。他们可能正在看电视、打架、抱怨（他们俩可真爱抱怨），但是当我示意亲吻时（我俯下身，噘起嘴唇），他们就会停下来，抬起下巴，亲吻我的嘴唇……然后继续做他们正在做的事情，就好像他们知道这件事很重要，所以其他的事都可以为此先等上几秒。

牵手

有孩子之前，我不喜欢和别人牵手。为了孩子，我们通常会做很多事——参加足球训练、担心孩子、拼车接送、看糟糕的电影、设置遥控器等，我们努力让他们过得比我们好。单独来看，为孩子忙活的每一件事都还说得过去，勉强能接受。可是，没有孩子的人绝对不可能去做这些事。你看过电影《表情奇幻冒险》吗？各种杂七杂八的事情加起来，其实触发并满足的是人的一种本能，那就是你感觉自己在为一个更大的目标服务，在通过

照顾和培养后代来延续和发展人类这个物种。

没有什么比牵着孩子的手更能将所有的回报凝聚成一个简单的动作了。每个孩子的手都能与其父母的手形完美契合。在那一刻，你会感到，如果你突然去世，那固然是件坏事，但如果你未曾在这个世界上留下意义和成就，那才是更大的遗憾。你身为父母，而你的孩子正紧紧地握着你的手。

我的大儿子已经很少和我牵手了。他 10 岁了，觉得自己长大了。不过他至少不会像我曾经在足球场上看到的那个 14 岁女孩那样，冲着自己的妈妈大喊一声："别这样！"就好像她妈妈牵她的手是在对人类犯罪一样。我猜那个女孩可能事后会为此感到愧疚。

我 7 岁的小儿子每次出门时都会本能地牵起我的手。那种感觉很奇妙。他在家里就像个混世魔王，把我们折腾得够呛。可是一到外面，他整个人就蔫了，还显得怯生生的，所以牵着一个他知道会保护自己的人的手会让他有一种安全感。不过，他通常都会先找妈妈，不得已才来找我……嗯，我排在第二位，也行吧。

我是在六七岁的时候才开始意识到我父母性格的独特之处。父母就像是一些消费品牌，你作为孩子只能记住两三件有关他们的重要的事。后来随着年龄增长，你才会慢慢了解到，他们作为生命个体的那种细微复杂之处。在我的印象里，我妈妈为人聪明，做事干练，特别爱我；而我爸爸在家总是一副沉默寡言的严肃模样，可是一出门又会显得很开朗，富有魅力。

很难讲等你的孩子长大之后对你是什么印象。我遗传了我爸爸的那种自带怒气的严肃感，所以我在家时，整体气氛就不是很轻松。尽管如此，我希望我的孩子们在长大后想起我时，会觉得我总在亲吻他们，总会牵起他们的手。

说实话，如果连伯特·雷诺兹这样的硬汉都可以亲吻其他男人，那我又有什么不行呢？我决定找回自己对爱意的表达。

离婚

人类阅读文字已有数百年的历史,听取信息已有上千年,而识别图像已有数百万年的历史。人类处理图像的能力非常强大。我们识别图像的速度是阅读文字的 50 倍。[40] 如同音乐在人类青少年时期便根植于生命中一样,我们在童年时期的图像记忆也会深深地印刻在脑海里。[41]

7 岁时,我们一家住在拉古纳尼格尔的一栋靠近海滩的房子里。爸爸通常会早早回家,带着一家人去冲浪,观看在海岸附近游弋的海豚和海豹。在海面涌起风暴的清晨,我们会赶去纽波特海滩,站在码头的尽头,眺望着几百米外的海面,看数百万升的海水咆哮着涌向岸边。当海面上出现一个 2 米(也许 3 米)高的蓝灰色半圆柱形的浪头时,我们会互相提醒,等待着大海将浪柱向着天空越推越高,浪头继而重重地砸向水面,整个码头都会随之一震。

从春季的满月和新月开始，连续 4 天夜晚，妈妈都会在午夜叫醒我。我们拿起手电筒朝海滩走去。海浪轻拍浅滩，我们会看到无数个像炙热金属片一样闪闪发光的东西在水中跃动，那是洄游的小银鱼正在浅海中尽情舞蹈。

当然，我的记忆里可不全是这些类似电视剧《橘子郡男孩》片头的美好画面。我还在电视上看到过一个瘦瘦的家伙，他戴着滑雪面罩站在酒店的阳台上，打断了马克·施皮茨和奥尔加·科尔布特那令人赞叹的精彩表演。这一幕之所以让我印象深刻，是因为每当屏幕上出现这个人时，我的父母就会不安地站在电视机前。

遇到父亲出差时，我和妈妈都会送他到橙县机场。那个机场给人的感觉更像是一家大餐厅，乘客就像是开车来吃饭的顾客，而飞机就好比是停在餐馆后面的汽车。机场二楼有一个酒吧和环绕式大平台，无须任何安检，你可以直接从街边的楼梯走上去。我父亲会带我登上平台。飞机的发动机在等待飞行员松开刹车时会发出尖锐的轰鸣声。就在那一刻，他会一把捂住我的耳朵。当飞机开始在 1 737 米长的跑道上加速时，它仿佛瞬间从搁浅的海豹变成了展翅翱翔的雄鹰。

父亲教会了我如何区分 727 和 DC-9 型飞机（3 台发动

机与 2 台发动机的区别），以及 DC-10 和 L-1011（DC-10 的第三台发动机是机身的一部分，而 L-1011 的第三台发动机位于尾翼中段）。这家"餐馆"的后院主要由两家航空公司占据，分别是加州航空和太平洋西南航空。太平洋西南航空的飞机机头处有一个微笑的表情。你瞧，它正透过玻璃窗对着我们。

我的父母是践行美国梦的一代。两个只有高中文化程度的移民，凭借自己的勤奋和天赋，在历史上最强劲的力量——美国经济——中立足。我们就住在离海滩很近的地方。然而，他们还是搞砸了（主要是我父亲），我很快就有了两个都不在海边的家。父母离婚后，每隔一周的星期五，我父亲都会在下班后开着他的老爷车来接我，地点是我母亲在恩西诺的那间不到 75 平方米的公寓。我每次都不得不在外面等他，有时甚至会等上一小时，因为我妈妈一点儿也不想见他，哪怕是他的汽车。她恨他。而我也练就了从很远处通过车灯形状和亮度来辨识汽车品牌的本领。对我来说，美国汽车公司（AMC）的紧凑型轿车 Pacer 是最好认的。

每当空中传来飞机的轰鸣声时，我都会抬起头，并且在大多数情况下都能辨认出它们的型号和隶属的航空公司。最近一次在南海滩过周末的时候，我的朋友们似乎对我能够分辨出前往慕尼黑的双层客机空客 A380（汉莎航空）和前往巴黎的那架飞机（法国航空）的能力深感震惊。抬头、辨认，几乎成了我的一种本能。它让我回想起，我们曾经是住在海边的完整的一家人。

依靠

科里·弗洛伊德教授提出的"情感交换理论"认为，表达爱意能够强化联结，帮助获取资源，并展示你作为潜在父母的能力，从而扩大择偶范围。但我认为，表达爱意的影响要更为深刻。我认识不少人，尽管个人际遇已经相当不错，但他们依然感到迷茫。他们很难建立起富有意义的亲密关系，在职业生涯中鲜少获得成就感，对自己也颇为苛刻。就好像他们从未找到自己的根基，也从不确信自己的价值……始终在漂泊。

回顾往昔，我认为自己的成功主要归结为两个因素：一是我出生在美国；二是我有一个无条件爱我、关心我的妈妈。尽管她成长于一个缺爱的家庭，但是她对我的爱毫无保留。她的这份爱让我从希望别人觉得我好、值得被爱，转变为我确信有人会觉得我好、值得被爱。

每到星期三晚上，在参加完童子军活动后，我和妈妈都会去位于卡尔弗城塞普尔韦达大道的朱尼奥弗熟食店吃晚餐。我会点一份腌牛胸肉三明治，而她会点烟熏三文鱼、鸡蛋和洋葱。我们一边吃一边聊这周过得怎么样，因为除了星期日，我们平时见面的机会并不多。不过，经常有服务员过来打断我们，说我又长高了。

吃完饭离开时，我们总会在面包房里稍做停留，买一份100多克的芝麻糖。在停车场等待代客泊车取回我们那辆浅绿色的欧宝曼塔时，我妈妈会抓起我的手，夸张地摇来晃去，她看着我，我冲她翻了个白眼，她哈哈大笑，一脸的喜悦和幸福。她是那么爱我……

当有一个人不厌其烦地告诉你，你有多棒的时候，一切都会随之改变。对一个出身于中下阶层的平凡孩子来说，上大学、事业成功、找到优秀的伴侣，都只是人生理想，而非理所当然。我妈妈那时43岁、单身，每年做秘书的收入不过15 000美元。然而，她是那么善良，对我呵护备至。在我们等车的时候，她的爱让我充满了自信，让我觉得自己富有能力，值得拥有一切。当我牵起她的手，听见她的笑声时，我找到了我的依靠。

家的含义

在我们的社会中，人们通过自己的购买行为来定义生活。人们需要购买的第一个重要物品是婚戒。这个概念由戴比尔斯公司成功地灌输给了年轻男性，令他们相信必须为这枚象征着"价值储存"的戒指大掏腰包，因为它不仅保值，还反映出了个人的男子气概和经济成就。需要购买的第二个重要物品是房子。美国房地产经纪人协会巧妙地推广了这样一种理念，即拥有房子就是在实现美国梦。你可以去问问那些在 2007 年购买房子的人，他们的"梦想"是否已经实现。

耶鲁大学的经济学家、诺贝尔奖得主罗伯特·席勒认为，考虑到维护成本，投资房产并不比其他类型的资产更好。然而，我们依然将首次购房看作一个成年人发展进步的象征，同时这也是强制人们进行储蓄的一种方式。政府则对此予以支持（参见上文提及的美国房地产经纪人协会），推出了房贷利息可以免税的政策。房贷利息免税是全美最昂贵的税收优惠之一。还有呢？那就是资本利得税比普通收入税的税率低。这两点，即拥有房产和投资，被塑造成了美国特色。然而，这两种方式实际上都是在将财富从穷人手中转移至富人手中。是谁拥有房产和股票呢？富有的老年人；而又是谁在租房，而且不持有能够享受资本利得税优惠待遇的资产呢？年轻人和穷人。

然而，衡量人生是否更好的标准并不是你购买的第一套房子好不好，而是你最后居住的房子好不好。你在什么地方度过人生的最后时光实际上更有意义，因为它不仅反映出你的人生成就，而且更重要的是，也反映出有多少人在乎你的幸福安康。走到生命尽头时，你已经无法再创造多少价值，那么照顾你的人要么是极其慷慨无私，要么是在回报你曾经给予的爱与支持。

我妈妈最后的居所是拉斯维加斯的一个老年社区。当她搬进去时，我建议她扔掉所有的旧家具，转而购买陶瓷谷仓

（Pottery Barn）的全新家具。我曾在20世纪90年代为拥有这个家居品牌的公司威廉姆斯-索诺玛的互联网策略提供过建议，所以他们的首席营销官帕特·康诺利给了我一个折扣。不过，真正让我妈妈感到快乐的并不是那些扶手椅和雪尼尔枕头，而是这些都是她的儿子为她出资购买的。

后来，我妈妈病重并接受了几次手术，医院便将她转到了长期护理病房。当我走进那家医疗机构时，空气中弥漫着一股尿臊味，走廊上还有人坐在轮椅上睡着了。我走进了妈妈和另一位女士共用的病房。她的室友卧床不起，在离她的脸15厘米处有一台用金属臂支撑的电视，屏幕闪烁不停。她看了我一眼，问我是不是觉得太吵了。我妈妈正坐在床边等我，看到我后说的第一句话就是"我不想再待在这里了"。网上所有那些声称只要花钱就能享受到舒适奢华的宣传都是不可信的，去你大爷的……谁能想到我瘦到只有40多千克的妈妈被困在这样一个充满了尿臊味的地方。

我真是失败至极！

我连忙帮妈妈收拾好东西，告诉值班护士我要带她回家。她们说这"违反医生的指示"，如有必要，会叫来保安。我走到外面，告诉送我来的司机，我会推着轮椅带我妈妈出来，需要他帮忙抬上车，而后立即离开。我返回病房，找到了一辆轮椅，将妈妈扶了上去，而后将她的包放在她的腿上，径直朝外走去。经过护士站时，她们平静地看着我们，一位身材高大的保安就站在我们和自动门之间，一动不动，一言不发。

如果按照理想的剧本，我应该正告那个保安让他离开，或者用摩根·弗里曼的声音宣告："我要带我妈妈回家！"可惜这些义正词严的威武场景都没有发生。我当时僵在那里，双手握着轮椅扶手，妈妈则穿着病号服，抱着装有她个人物品的行李包。我们就那样站着，可能只有 10 秒，但感觉过了 10 分钟。也许是那位保安对我们心生怜悯，他将目光转向了地面，而后转身离开了。就这样，我们走了。7 周后，我妈妈在家中去世。

我爸爸和他的妻子最近也搬了新家，他们俩年事已高，那里很可能是他们最后的居所。为了让搬家更顺利，并确保新家环境舒适，我和姐姐以及继兄弟姐妹齐心协力，将一切布置妥当。爸爸对我说，这可能是他这辈子第一次真正放松，因为他再也不需要打理花园或照顾房子了。他的新家位于一座大学城，那里有电影之夜、随叫随到的医疗专业人员和一个游泳池。我们还张罗给他安排一个教练，帮助他保持自己坚持了一辈子的健身习惯。

如果说第一套房子象征着你未来的希望与潜力，那么你最后的住所则体现了你生命中真正重要的东西——那些爱你、关心你的人。

生命的终结

参加完由一家互联网巨头举办的会议，并在会上发表演讲后的第二天，我在领英上收到了 4 条新信息，其中有 3 条是对我演讲的赞许，希望能够与我建立联系，而第 4 条完全不同。这条让我有所触动的信息来自一位 26 岁的年轻人，她想向我寻求人生建议。她是这样写的（为了保护隐私，人名及部分细节已做处理）。

主题：寻求人生建议

亲爱的斯科特·加洛韦教授：

您好，冒昧与您联系主要是因为我信任您的建议，并希望得到您的建议。

我今年26岁，目前在X市的一家消费品公司从事数字营销工作。在这里，我有机会与一支充满激情的团队合作，处理大量的数据，解决一些不常见的创意问题，并为产品开发提供指导。

今年一月，我爸爸被诊断出胰腺癌晚期，我因此决定搬回家陪伴他和妈妈。我原本打算继续工作……但是，心里总觉得现在工作不值得。今时今日，陪伴在家人身旁似乎比挣钱更有意义。可是，我又担心暂停学习和工作会给事业的长期发展带来不利影响。

真希望我爸爸此时能头脑清醒地帮我客观分析。可惜，他不能。既然如此，我特别期待能得到您的指导！

我的回复如下。

亲爱的×××：

对你父亲的状况我深感抱歉。首先，需要说明的是，我并没有什么合适的资格或实证的数据来帮助你在父母生病这件事上做出合适的决定。我所能分享的不过是我母亲生病时我的一些具体做法，以及我从中学到的东西。不过，我需要强调的是，我当时已经39岁，建立了一定的职业地位和经济保障。我想这些可能是如今 26 岁的你所不具备的。面对这种人生变故，我们并没有什么具体的操作指南可去依赖，很多时候你的决定取决于你与父母的关系、现实的条件以及可以利用的资源。因此，我能够给予你的建议如下。

在我母亲被诊断出患有转移性胃癌时，医生认为她只有 3 个月的生存期。她告诉我她想在家中离世，我答应了。于是，我搬到了她在内华达州萨默林一个社区里的房子里与她一起生活。这样一来，我就可以早晚陪着她，并确保她最后有尊严地离开这个世界。我们在一起 7 个月后，她在家中安然辞世。我想一个人最终在哪里告别这个世界，以及最后陪伴在他身边的人是谁，往往是衡量人生是否成功的重要标志。

感悟 1：我相信，无论家里布置得有多好，如果在生命尽头，你是在明亮的灯光下被一群陌生人包围着离开这个世界的，那无疑是令人失望的。但是，如果你有亲人的陪伴并在家中离世，那无疑是成功的。不过，要做到这一点对很多人来说并不容易。能在家中安然辞世说明你在生活中建立了富有意义的人际关系，而且曾经对他人慷慨付出。我妈妈的文化程度不高，离异后做了一辈子的秘书，但她最后走的时候是在家里，身边都是深爱她的人。如果你和家人能让你的父亲最后在家中安详离世,那么你们就是在为他做一件好事。

感悟2:关心照顾者。在我妈妈最后的日子里,她的4个姐妹和1个最要好的朋友都为了帮忙照顾她而在家里住过3~4周的时间。这一点很重要,因为有些事情我没法做;而我能做的就是让她们在陪伴我妈妈的这段日子里过得舒心自在。我有一位姨妈特别爱说话,可我这个人又不爱说话。我的工作就是不停地讲话,所以回到家我基本上沉默寡言,好像更愿意听到孩子和妻子的声音。可是,为了陪伴姨妈,我会熬夜陪她闲聊很长的时间,说一些无关紧要的小事。

我的另一位姨妈则喜欢喝酒,外加怡情小赌。于是,我带她去了萨默林一家很一般的赌场,给了她100美元,然后陪她坐在一个25美分的轮盘赌桌前。她一边喝着白色俄式鸡尾酒一边下注,有时喝醉了还会调戏任何一位不幸坐在我们桌的男人。有一次,她把一个男人的牛仔帽给摘了下来,盖在对方的裆部并大喊道:"这牛仔完蛋了!"我当时都不明白那是什么意思,甚至我有好几次都想找个地缝钻进去。可是,就是这位爱喝白色俄式鸡尾酒、玩轮盘赌的姨妈每天清晨会为我的妈妈洗澡。为此,我深深地感激她。

我妈妈最要好的朋友卡森·埃文斯是个酒鬼，同时还对止痛药上瘾。我妈妈去世3年后，她因药物过量死亡，成为全美一年40 000名因阿片类药物食用过量而死亡的人中的一员。我会给她带尊尼获加蓝牌威士忌（她平时喝红色的）。几乎每晚，我们都会做热袋速食饼，埃文斯会搭配着苏格兰威士忌一起吃。埃文斯只不过是想在我妈妈睡着之后找一个人陪她喝酒。所以，你可以带你妈妈去看电影，外出吃饭或者一起散步。作为你爸爸最重要的照顾者，她要走的路必然十分艰难。

感悟3：要有边界感。你父亲在这世上最后的日子很重要，但你的生活同样重要，你需要有属于自己的生活。我妈妈生病那会儿，我每个星期四都会离家去纽约或迈阿密见朋友或者工作。你所取得的成就说明你的父母为你创造了一个积极的成长环境，其中最关键的就是经济保障。而在你这个年纪，职业发展对你建立自己的经济保障至关重要。我猜测你的父亲会因为你为了他调整自己的生活而心存感激，但是他应该不会希望你彻底改变或事业停摆。以后，你可能还会有自己的孩子，我想你父母的孙辈会需要一位有工作、有能力养育他们的母亲。其中的平衡取舍，只有你自己能决定。

另外，人通常会比预期要活得更久。我妈妈当时被医生预判只有3个月的时间，但她最终活了7个月。不幸的是，就在一个星期日我飞回去见她的时候，她在我抵达前的30分钟撒手人寰。我多么希望自己当时在场，可是，即便如此，我也并不会改变自己当时的做法。如果我在那个阶段完全舍弃了自己的生活，那么我有可能会变得更难以相处（我本来就不好相处）。彻底放弃自己的生活会降低陪伴质量。记得我在一次外出时，遇到了一个人。我们两年后有了自己的第一个儿子，接着又有了第二个儿子。所以说，如果我没有照顾好自己的生活，没有满足自己的需求并获得幸福，那么我的妈妈就不会有自己的孙子。如果她知道我有一个长得很像她的儿子，而且我儿子的中间名就是她的名字西尔维亚，她一定会非常高兴。

感悟4：一起娱乐。我妈妈和我都喜欢看电视，所以我们俩在一起追了很多剧。那是一段美妙的时光，我们一起看了《欢乐一家亲》《危险边缘》《人人都爱雷蒙德》《老友记》。你爸爸喜欢什么呢？如果是看书，那你就读给他听；如果是音乐，那你们就一起欣赏；如果是电影，那就一起看他最喜欢的影片。

感悟5：重温过往。我那时经常和我妈妈一起翻看老照片，听她讲述自己童年的故事和成年后的生活。对我们来说，重温过往是一段非常有意义的旅程。它让我妈妈有机会回顾自己的一生。因此，请尽可能为你的父亲创造这样的机会。

感悟6：说出来。对父亲说多少次"我爱你"或者表达多少次你对父亲的敬仰都不嫌多。我当时就时常坐在我妈妈身边，握着她的手，流着泪告诉她，她生病让我好难过。

感悟7：有人给你惊喜，就有人令你失望。我妈妈有几个非常要好的朋友，他们在她生病期间从未看望过她，也很少打电话，就好像癌症会传染一样。我并不认为他们是坏人，只是觉得可能每个人应对这种事情的方式不同。相比之下，她的最后一任老板每隔4周便会坐飞机来看她。他是一位比她年轻20岁、有自己家庭的成功男士。他会坐在我妈妈身边陪她聊一个小时（要知道，我妈妈几乎每15分钟就呕吐一次），而后再赶飞机返回。他叫鲍勃·珀科维茨，不仅事业有成，还特别善良。

感悟8：病魔作祟。我妈妈在患病期间的情绪一直还算不错。但实际上，很多人到患病后期都会变得不太讲理，甚至刻薄无情。请记住，这往往都是因为病魔在作祟，所以请尽量不要放在心上。

就我而言，作为两个孩子的父亲，我想我在某种程度上可以理解你父亲的想法。我经常思考生命的终点，这能够让我活在当下并做出更好的选择。我相信，身为父母，我们希望在临终之际感受到两件事：一是知道自己被家人深爱着；二是看到自己深爱并教育的孩子富有能力且自信，拥有属于自己的充盈人生。

从你发来的信息以及你在领英上的资料来看，我深信你的父亲已经感受到了这两点。对他而言，有你这样一个优秀的女儿就是人生最大的安慰。

祝福你一切都好！

斯科特·加洛韦

幼吾幼以及人之幼

在美国，50%的婚姻以离婚收场，而在我长大的加州，这个比例高达60%。我记得我周围满是继父继母的身影。[42] 我的好朋友亚当的母亲在离婚后同一个英俊、沉默寡言的法律系学生保罗同居。保罗每次在我快要离开的时候才开口说话。他是我印象中第一位酷到不行的男人。他总戴着一副非常有范儿的墨镜，而且随着事业的发展，他先后开过好几辆那个时代最炫的车——一辆达特桑260Z、一辆保时捷911，还有一辆法拉利（具体型号我记不清了）。对亚当和他妹妹来说，保罗是他们生活中一个稳定的男性榜样，因为和我一样，他们每隔一周才能见到自己的亲生父亲。

我在佛罗里达的朋友吉米则是位继父。他放弃了作为飞行员与富人在加勒比海旅行、聚会的生活，反而选择融入一个现成的家庭，同他妻子及其两个正在上学的女儿一起生活。他自豪地说，他已经成功和大女儿打成一片，一起追看纪录片《捕鱼生死斗》系列。每当谈起这两个女孩时，吉米就像在谈论自己的孩子一样……没错，他的确将她们视如己出。

在我爸妈离婚后，我的继母琳达（我爸爸的第三任妻子）走进了我的生活。我爸爸一共结过4次婚，而我妈妈（第二任）总是将琳达称为"那个贱人"，认定她插足了自己的婚姻。不过，我从没有见过任何琳达和我妈妈共处一室的画面。

在我爸妈离婚后的20年里，我妈妈一直拒绝和我爸爸同时出现，直到他们参加我在商学院的毕业典礼时才打破了这个惯例。周围的环境似乎注定了我会不喜欢甚至讨厌我的继母琳达。然而，琳达为人友善，对我非常好。她曾在20多岁时被医生告知此生无法生育，所以，当一个穿着灯芯绒裤子、奥迅菲柯衬衫，缺了两颗门牙但举止礼貌的8岁男孩出现在她面前时，她立刻便喜欢上了这个男孩。

琳达是第一个真正宠我的人。她会为我烤饼干，这在我家可是件稀罕事，因为我妈妈平时忙于工作，况且她还是个英国人（她的厨艺实在不敢恭维）。琳达则不一样，她会烤美味的七叶树饼干，里面有花生酱，外面包裹着一层黑巧克力。如果按照时间安排，我在未来一个月都见不到她和我爸爸时，琳达会特意为我烤好七叶树饼干，用锡纸一个个地包好再寄给我。

我清楚地记得，有一个星期五，琳达提议带我去趟玩具反斗城。她说我可以在店里随便挑，想买什么就买什么。当我在货架间走来走去时，她留意到我一直盯着遥控飞机。于是，她停下来问我想要哪一架，我却怎么也说不出口，因为当时在家里，花钱就像是种罪过，更何况还是30美元的遥控飞机。没想到，琳达真给我买了那架 P-51 的飞机模型。我和爸爸迫不及待地去停车场试飞，结果折腾了好几个小时也没飞起来。

不久之后，她发现医生当初的诊断有误，她怀孕了！当我去医院看望我同父异母的妹妹时，琳达还给我准备了一份礼物——一件印有巴吉度猎犬图案的睡衣，上面写着"我是如此特别"。当一辆"自卸卡车"压在她的膀胱上，即将把妹妹推出产道之际，琳达竟还想着我，专门抽时间为我准备睡衣，让我知道她依然爱我。啊，有些人……他们天生就了不起。

大多数的哺乳动物都会为了保护后代而不惜付出生命的代价。我们之所以是人类，不仅是因为我们拥有能与其他手指对捏的拇指，更是因为我们具备合作的能力。合作依赖于人类特有的东西，如语言、文化和漫长的童年期。推动物种进步的最崇高的合作形式之一，就是照顾那些与自己没有血缘关系的人。我并不总是享受和孩子们在一起的时光，甚至在大多数时候，我不喜欢别人家的孩子。但奇妙的是，总有一些人愿意去爱那些与他们毫无关系的孩子，那些与他们气味不同、长相和感觉完全不一样的孩子。死亡、疾病和离婚迫使许多孩子在单亲家庭中长大，因此不得不面对艰难的成长环境。

通往更美好世界的最佳途径，不是经济增长或更智能的手机[43]，而是有更多人愿意"幼吾幼以及人之幼"。像保罗、吉米、琳达这样的人，他们会陪伴与自己毫无血缘关系的孩子，为他们烤饼干、陪着看无聊的电视节目，甚至买那些飞不起来的飞机模型。正是这些举动让我们更加富有人情味。虽然我的妈妈已经去世，但这个感恩节，我和家人将一起招待琳达——我那个一点儿也不"邪恶"的继母。

珍惜你的幸运

我最近一直在思考艾滋病，真心希望人类不会再遇到如此具有毁灭性的疾病。2017 年，与艾滋病相关的死亡人数是 100 万。自发现艾滋病以来，全球已有 4 000 多万人因相关疾病死亡。换句话说，因艾滋病死亡的人数已相当于整个加拿大的人口。

就像我们将战争交给那些心怀感激、愿意为这个国家付出的年轻人，而不是那些越来越认为国家亏欠了他们的群体一样，我们也将艾滋病的痛苦和抗争与整个社会隔离开来。一开始，我们将艾滋病称为"同性恋病"，给原本的受害者贴上了不负责任的标签。我相信，我们对艾滋病危机的最初反应，终将成为美国历史上的一大污点。

1985 年，我坐在兄弟会的餐厅里读一份《洛杉矶时报》，其中有一篇文章提到科学家在研发艾滋病疫苗方面取得了进展。那一刻，我以为这种与我们的生活看似毫无关联的抽象疾病终于要结束了。然而，事实并非如此。最终，我们每个人几乎都认识一些因感染艾滋病去世的人。

它可真是一种"完美"的病毒：通过性接触传播，而性是当时我们这些18岁的男生无时无刻不在思考和策划的一件事。从理论上来说，我们就是病毒的携带者和传播者。我们自以为只有男同性恋者才会感染艾滋病，从而在内心产生一种与之隔绝的冷漠感。然而在当时，又有谁知道谁是同性恋呢？

实际上，我们当中有不少的同性恋者。只是，大多数的异性恋者，甚至可以说几乎所有我们圈子里的人，都没察觉到这一点。任何你喜欢的、看起来"正常"的人都不可能是同性恋者，因为同性恋在当时被看作一种奇怪的变态。所以，怎么会是我们认识的人呢？在20世纪80年代的加州大学洛杉矶分校，无论你多么勇敢或自我接纳，你都不可能公开"出柜"，因为成为同性恋者意味着违背自然。更何况，我们当时是加州大学洛杉矶分校的青年学子，而这所学校的形象就是一张展示自然与健康的明信片，绝不容许任何人玷污和破坏。

随着时代变迁，人们对同性恋的态度越来越包容，虽然谈不上完全接受，但至少有了一定的宽容度。我的好几位朋友在大学毕业后公开"出柜"。艾滋病对他们来说如影随形，随时有可能向他们发起攻击。艾滋病不仅威胁着同性恋群体，也影响着其他人。早些年，由于血液供应污染，人们发现艾滋病不只是"同性恋病"。全美当时约有 1.5 万名血友病患者，其中几乎一半人被感染。换句话说，异性恋者同样面临着感染的风险。不安全的性行为意味着人们在连续几天的焦虑之后，几乎可以确信自己被感染。

我近来接触到了丹尼尔·卡尼曼提出的"快思考"与"慢思考"。[44]我们快速、简化的思维虽然具有一定的实用性，但缺乏深度；而慢思考是我们成长和学习的关键，它为快速思维提供了依据。我觉得大学阶段的我们习惯于快思考。我们会不假思索地将同性恋者称为"娘娘腔"。"同性恋"成为用来描述软弱和非自然事物的贬义称呼。大学毕业后的 10 年则是人们慢思考的时期。我们逐渐发现在自己所爱的人当中就有同性恋者。他们和我们一样，有着相似的希望和苦恼。只是，他们生活在病魔的阴影下，并有朋友相继离世。

在卖掉我创立的第一家电商公司 Aardvark 后，我和当时的妻子从波特雷罗山的两居室搬到了诺伊谷的五居室。那栋房子现在就在扎克伯格家隔壁。我真后悔卖了它，原因有二。第一，它如今可能价值 1 000 万美元甚至更多；第二，我原本可以悠闲地坐在门廊上，穿着斐乐运动服，对着扎克伯格进行调侃。哈，扯远了。我们那时会去卡斯楚区挑家具，来填满空荡荡的 5 间卧室。然而，我们每次都能看见"幽灵"在街上游荡。那些三四十岁的男人，一个个瘦骨嶙峋，满身疮痍。明明 35 岁看上去却像 80 岁的男人正在急匆匆地奔向死亡。"幽灵"，随处可见。

我们常常以为，临终前的日子应该是一个能够回顾漫长且充满祝福的一生的时刻，是一个感受自己付出并收获爱的时刻。然而，这些年轻人却因病毒侵蚀身体，过早地失去了生命。而他们身后的社会选择忽视他们的苦难，并认定他们不是真正的受害者。那时，里根总统在自己执政的 8 年期间，对于"艾滋病"只字未提。

我们在加州大学洛杉矶分校的一些朋友感染了艾滋病，其中有：

比尔·阿伦斯：兰姆达齐阿尔法兄弟会的成员。他沉默寡言、年轻英俊。后来，我们才得知他患有血友病。

罗恩·巴哈姆：我们在加州大学洛杉矶分校的兄弟会成员。一个衣着讲究的黑人男孩，拥有电影明星般的迷人嗓音。

帕特·威廉姆斯：我在加州大学洛杉矶分校的大一室友，来自维塞利亚。威廉姆斯在农场长大，在大学学习戏剧。他总是嚼着烟草，还经常借（偷）穿我的衣服，不过没关系，因为我们俩都会借（偷）穿另一位室友加里的衣服。

汤姆·贝利：我最好的朋友吉姆的伴侣。贝利来自亚特兰大，帅气迷人，曾经是一家广告公司的创意总监。吉姆深爱着他。

第一个去世的是阿伦斯。他因使用由捐赠血液制成的凝血因子而感染了艾滋病病毒。这种治疗原本想让他摆脱血友病的折磨。

巴哈姆曾是CAA（创意艺人经纪公司）的一名经纪人，并在30岁时升至迪士尼的电视节目总监。我是在毕业10年后在一个朋友的婚礼上见到他的。那时，他显然已经从艾滋病病毒携带者发展为了艾滋病患者。几个月后，他打电话给一些他觉得需要和解的人，而后将两打安定药混入了一杯伏特加中，一饮而尽，去世时年仅33岁。

威廉姆斯一直在与自己的性取向做斗争，他曾参加由宗教团体主办的再教育营。这些团体认为同性恋是后天习得的，因而可以通过训练加以纠正。威廉姆斯原本应该是我们保持密切联系的朋友之一，但是后来和在大学时一样，他渐渐淡出了我们的生活。我们当中有位朋友是名成功的牙医，他为状况不佳的威廉姆斯补过牙。威廉姆斯声称自己患了严重的莱姆病。他在痛苦中苦苦挣扎，却依然无法相信或接受我们的友谊和爱意，因为他见识过大家在大学时代被"快思考"主导时做出的反应。我听说威廉姆斯早在10年前就去世了，但是谁也不知道他去世的具体时间和地点。我为此深感愧疚，觉得自己没有尽力找到他，告诉他我是多么佩服他（他极富创造力且精力充沛）和惦念他。威廉姆斯，对不起。

汤姆·贝利受益于科学的温暖之手，已经接受了20年的抗反转录病毒治疗。除了在广告业成就了一番事业，贝利还开了一家动感单车工作室，并在那里担任教练。他是我大儿子的教父，虽然做教父谈不上称职，但他身体健康，还和我最好的朋友结婚了。这就足够了。

找到心中的天堂

那天,我小儿子问我:"什么是天堂?"我还没准备好向一个小孩子谈论自己的无神论观点,所以我反问他什么是天堂。他回答:"天堂就是你死后和家人一起去的地方。"我确信这个世界没有上帝,而且认定所谓的超级存在完全不合理。可是,随着我日益成熟,我也觉得自己对于宇宙存在的解释——先是虚无,而后突然爆炸——同样没有多合理。

年轻时,我总在不断地寻求和追逐,想要更多的钱、更多的赞美、更多的存在感、更多更酷的经历。然而,我就像是安妮·赖斯小说中的吸血鬼,尽管有性生活却永远无法达到高潮,永远都差了那么一点儿。在有孩子之前,我的生活一直都是"我要更多、更多、更多",唯一能让我感到内心充盈的时刻就是和家人在一起的时刻。

我的小儿子最近入睡困难，所以我会和他一起做冥想和一些拉伸舒展的动作来放空头脑。他似乎抓住了这个可以拖延入睡的策略，只要我在家，他就会要求我"清空他的头脑"。我们会一起完成一系列的动作，接着我用指尖滑过他的额头、鼻子、嘴唇和下巴，最后停在他的脖子上。他渐渐有了睡意，但依然会突然醒来看我是否还在身边，而后翻个身，将一只手臂和一条腿搭在我的身上，继续安心入睡。也就是在那一刻，一切似乎都有了意义：我和我的家人在一起，守护着他们，我感受到了强大、永恒和不朽。我的儿子不会以任何现代物质世界的标准来衡量我的价值，他只是单纯地选择了我。和家人在一起让我感受到了爱与平静。他们就是我的天堂。

我从不觉得我们死后会去往另一个世界，但我真心相信我们在活着的时候就能找到心中的天堂。当我临近死亡之际，我希望我的妻子和孩子们能躺在我的身边，帮我放空身心，用他们的指尖滑过我的额头，而后将他们的手臂和腿搭在我的身上。于我而言，这便是一切……无须其他。人生在世便身在天堂，的确是稍微早了一点儿。

珍爱身边人

最近,我毕业 20 年来首次参加校友返校活动,地点是我获得 MBA 学位的加州大学伯克利分校。校园的景象壮丽如初。今年,伯克利分校的低收入家庭毕业生人数将超过整个常春藤联盟的总和。学校邀请我发表演讲,还提议在与亚利桑那大学野猫队的比赛开始前,让我和两个儿子一起参观球场。

校友返校活动的传统起源于密苏里大学,当时校方认为邀请校友重返校园是个好主意。返校赛通常安排在橄榄球队结束最远的客场比赛后举行,学校特意挑选实力较弱的对手与主队对阵。这样,校友们便能通过一项最具美国特色的活动——战胜对手——来为母校感到自豪。

每次去旧金山和伯克利,我都心情复杂。我有了不一样的生活,就连伴侣也换了……回想过去,我总能体会到一种甜蜜的苦涩，甚至还带着几分内疚。当我看到人行道上零星分布的那些患有严重精神疾病的无家可归者时[45]，一群二三十岁的年轻人就在不远处的办公楼里雄心勃勃地通过SaaS（软件即服务）软件和无人驾驶汽车[46]想要"让世界变得更美好"[47]，并试图让公司的股东价值提升到相当于一个欧洲小国国力的水平。这种强烈的反差让我觉得简直是对乌托邦的嘲讽。面对这种反差，我并没有什么道德优越感，因为我曾经是（现在依然是）他们当中的一分子，也就是伪君子。

我的好朋友乔治鼓励我参加返校活动。他说，"花点儿时间去回忆并拜访这一路走来遇见的人和去过的地方"非常重要。是呀，"回忆往昔"这几个字就让人觉得富有诗意。于是，这股怀旧的情愫一时之间压过了我从高中起就形成的愤世嫉俗的观点——认为参加返校活动的人其实人生的高光时刻已过，此后都鲜有作为。

回家

回家的渴望在我的生命中变得越来越强烈。每次出差时，我都感觉自己像《星球大战》里一架从死星飞出的帝国TIE（双离子引擎）战机，摆脱了牵引光束的束缚。我总是怀着某种决心和自信出发，仿佛自己肩负着一项重要的使命。

过去的 7 天，我一直在为新书做巡回宣传，途经波士顿、西雅图、旧金山、洛杉矶、本顿维尔和达拉斯。然而，每次出差到后半程，那束牵引光似乎就会被启动。虽然我身处遥远的"外星系"，任务繁忙，无暇顾及其他，但随着回家的日子日渐临近，那股吸引力越来越强，仿佛有一股无形的力量正把我拉回家，逐渐让我"坠落"回归。

我不认为这股牵引力量还有机会比现在更强烈。如今，我的孩子们年龄尚小、天真可爱，还处于未察觉到父母缺点的年纪。我想，这份纯真与快乐，或许只有等我有了孙辈时才能再次体验吧。不管怎样，能够拥有一个与我一起分享这份喜悦的好伴侣，才是我一生中最重要的成就。我的学生总在忙着思考如何选择正确的职业[48]，实际上，这个问题应该排在第二位。人生中最重要的决定是选择一位合适的伴侣，因为这将为你未来的一切奠定基调。

在有孩子之前，我从未体验过这种感受。大儿子出生时，我每天在 L2 忙得不可开交，但仍坚持走过三个街区回家给他洗澡，然后再回去继续工作。每次快到家时，我都会不由自主地加快脚步。当你迫不及待想见到某个人时，体内释放的多巴胺会让你充满活力。这种感觉让你专注于成为更好的自己。你开始关心他人，渴望与另一个灵魂相伴，而在彼此的陪伴中，你们共同成就，产生"1+1＞2"的效果。无论是家人、朋友、伴侣还是同事，人类之所以能够繁衍生息，正是因为懂得合作与关怀。我们的中枢神经系统会让我们在与所爱之人团聚时，体验到无与伦比的幸福感。

现在，我坐在飞机第 23 排的中间座位，旁边的那位乘客占了太多空间[49]，所以我只能嚼着难以下咽的椒盐卷饼，用一只手打字。即便如此，我的心中依然满是欢喜，因为我看到了那束"牵引光"……我就要回家了。

一切为了孩子

市场细分是商学院的热门话题之一。它是指将一个庞大的同质市场划分为具有相似需求或偏好的群体，而后针对这些细分群体设计相应的产品、定价策略和品牌形象，从而满足他们的特定偏好。

随着市场营销的发展，管理者必须学会如何将一个产品（在此以"猪"作为比喻）分割成不同的部分，并根据不同的需求和变动的价格卖给不同的人，以获取最大的剩余价值。产品或服务的差异化，无论是真实的还是顾客感知到的，实际上都是一种价格歧视，有助于最大化收入，同时为某些消费者（比如提前21天购买且不得取消）提供以低于成本的价格购买的机会。

市场划分得越来越精细（甚至到了荒谬的地步）。例如，

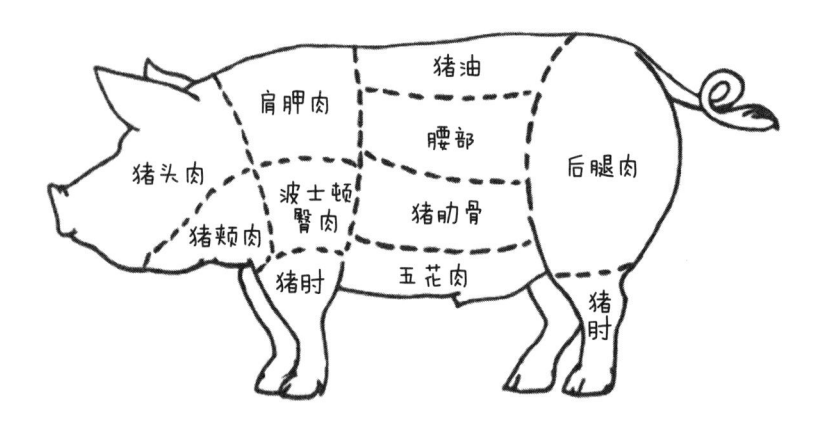

猪油
肩胛肉
腰部
猪头肉
后腿肉
波士顿臀肉
猪肋骨
猪颊肉
猪肘
五花肉
猪肘

你需要为"经济舱加宽座位"额外支付 29 美元，但请注意并不是机舱出口的位置；而位置靠前的经济舱座位需要额外支付 40 美元，最多获得多出 10 厘米的腿部空间。你还可以多花 79 美元，把酒店房间从"标准大床房"升级为"高级大床房"，额外享受一张双人沙发和一张小桌子。

我们还会在孩子中划分出谁是我们的"最爱"，我知道这听起来有多糟糕。我们会自然而然地进行某种排序，因为这有助于任何有意识的个体或管理者取得成功，即通过合理分配资源或资本获得比竞争对手更大的回报。请留意，上面这句话说得实在是太绕了，直白点儿说，就是"优先级"。我一直有一个自己偏爱的孩子，我想大多数父母和我一样。这的确不是一件好事，但好消息是，那个你偏爱的孩子时不时地会发生变化。至于到底是谁，我们自然要守口如瓶，就像是在保守核弹发射的密码，因为一旦承认，那就等于向全世界宣告自己是多么糟糕的父母。

我带大儿子去看了世界杯，所以小儿子很清楚他理应得到补偿，而且还得是大手笔。令人惊讶的是，一个连睡衣都穿不好的孩子居然能明白那些无形的"交易"，并明确地表示是你欠了他什么特别的东西。于是，我对这个连睡衣都穿反了的"小律师"说："你想要什么都行。"

紧接着，他就一语戳破了我的"虚张声势"："我要去环球影城的冒险岛和火山湾。"哦天哪，千万别。那个感觉就像是我专门雇了个顾问，教他如何向自己的老爸提出一个无论换作谁都不会考虑的要求。

环球影城

我们停下车加油。很明显，各大石油公司也已经充分掌握了市场细分的技巧。壳牌加油站将汽车燃油分为普通型、无铅型和至尊型。我选择了至尊型，就好像他们知道我这种人愿意每升多花 7 美分[50]，买所谓"更好"的油。哎，谁知道呢。两天的入园门票已经买好。然而，康卡斯特公司的战略团队又找到了额外获取 100% 毛利的办法，那就是推出快速通道，即每张票再额外支付 85 美元就能免排队。没错，我得买呀。而且，如果再多掏 10 美元（总共 95 美元），还能买到"无限"快速通道，也就是说我可以在同一个项目上多次（而不仅仅是一次）免排队。这主意都是谁想出来的？

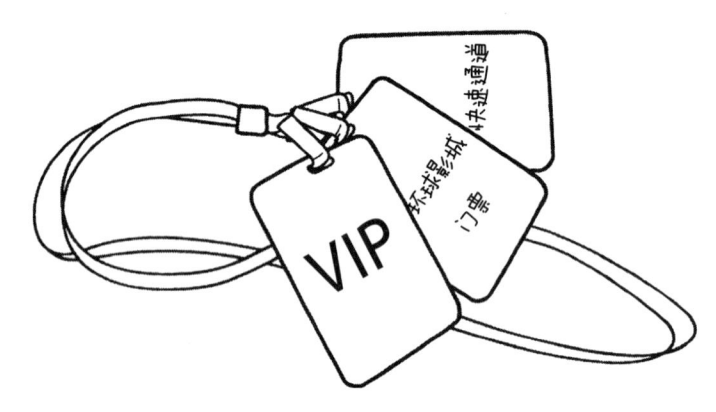

他们已经做过测试，发现愿意花 85 美元免排队的人，大多也愿意再多花 10 美元，享受一个"也许稍微好点儿"的排队体验。为了服务好那些收入拔尖的 1% 的群体，主题公园现在还提供 VIP 私人导览服务。导游会贴心地规划你的一天，带你通过"员工专用"的小门，参观幕后的神秘世界（"你们看，这里就是那些人们乘坐设施时掉落手机的地方，我们专门在这里捡拾它们。"）。这项服务大概需要 3 000 美元，适合 1~5 人的小团体，请注意，其中还不包括公园门票。休闲娱乐？哼，这其实是个认真的买卖。

如果你觉得这像是为了迎合那些经济衰退后收入增长85%的顶层群体（前1%的富人）[51]的一种全国性策略，那么请你相信自己的直觉。我们的经济体系和定价模式正在快速地演变为一个由300万"贵族"把持、3.5亿"农奴"提供服务的社会。

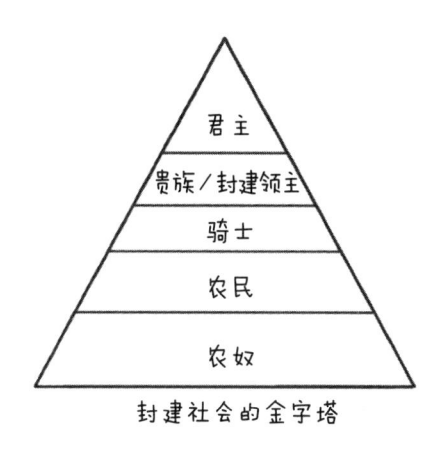

图片来源：study.com

魔法世界

毫无疑问，霍格沃茨的魔法世界绝对是市面上最好的游乐产品。那里有着创意十足的游乐项目、优秀的员工、震撼的视觉效果以及鼓舞人心的故事。对我这样的悲观主义者来说，看着一群人等着排队坐上穿越霍格沃茨的书柜，实在是容易产生嘲讽的想法。第一天玩得不错。魔法世界非常棒，里面的黄油啤酒和游乐设施都做得很好，但就像化疗的冲击一样，绝对会让你感到恶心。

霍格沃茨的魔法世界也很了解如何进行市场细分。它推出了长28厘米、冬青木材质并搭配凤凰羽毛芯的哈利·波特魔杖，售价49美元。别急，还有更多！你瞧，这根魔杖还真像货真价实的魔杖那样：当你对着街角的橱窗挥动时，会触发各种炫酷的魔法效果，比如让书自动翻页（太神奇了，书竟然能自动翻页！）。不过，如果你想要让书翻页，那你得购买售价59美元、带有"互动功能"的魔杖。我们那一天的最后一站是巧克力工坊和美味盛宴餐厅，这里简直就是父母版的"我爱你"，意思是"我爱你爱到愿意让你把巧克力和棉花糖当晚餐"。

第二天才是一场真正的考验。我们要游玩的火山湾水上乐园仿佛是由尼尔·阿姆斯特朗和《十三号星期五》系列电影中的杰森·沃赫斯联手设计的。你的TapuTapu手环可以预先设置优先级不一样的"阶级身份"。或许，我们应该去礼宾台再拿一个，以备不时之需，毕竟我们可能想免排队。我儿子和他的好朋友查理走在最前面，查理是个活泼、礼貌且天不怕地不怕的孩子。两人说好非要把所有项目玩个遍。是查理让我儿子鼓起勇气去挑战平时根本不会考虑的游乐项目，因为我儿子通常只要一看到我一脸惊恐的表情就会打退堂鼓。但是，查理不一样，这个身高1.2米、体重26千克的8岁男孩可什么都不怕。

这漫长的一天好不容易熬到要结束了。我这个老爸在坐完"海洋奇缘莫阿娜"过山车之后，感觉内耳功能都要失调了。当时气温高达35摄氏度，湿热难耐。我晒伤了，又喝了太多的黄油啤酒，感觉很恶心，甚至很可能会中风，或者直接崩溃地哭出来。哦，终于到了要离开的时候了，真是谢天谢地！可就在这时，我那个连睡衣都穿不好的小儿子过来和我讨价还价说："能再玩一个吗？就一个。"

"哦，好吧。"我答应道。

紧接着，我的小儿子就抛出了自己的"王炸"："我想玩垂直跳水。"这个跳水项目其实就是一根管道，从一座由波兰建筑队修建的8层楼高的波利尼西亚火山中心垂直落下。进入管道的方式是爬进一个气动传送管，它是专门为那些决定要以每小时137千米的速度从火山内部那根完全漆黑且封闭的管道中滑下来的勇士设计的。说实话，这对我来说太刺激了。在确认他们的身高满足要求之后，我便把他们送到了476级台阶上，然后约定在滑下去的泳池相见。换句话说，我完全把育儿责任交给了一个油漆指示牌，因为它表示只要孩子的身高足够，父母就可以撒手不管。这个指示可真是太好了。

我走到火山的"出口池"，也就是他们会滑下来的地方，感觉过了好久。咦，我儿子呢？他不会是卡在了管道里，正在拼命地尖叫吧？还是他压根儿还没进去，一直在火山口来回徘徊，四处张望着想要找到我？终于，他的朋友一下冲进了泳池，看上去只是略显惊恐。我心想，我儿子应该正在以 1/10 音速的速度向下滑落。我尽管努力保持冷静，但内心早已慌乱不堪，担心得要命。

我站在泳池边，等待着小儿子的横空出现。终于，他冲进了水池。他做到了！他重新成为我最喜欢的孩子。而我，他的老爸，穿着泳裤、哈瓦那人字拖和西装短袜（我忘记了带运动袜，但又担心晒伤脚），一脸如释重负的自豪表情（"你可太棒了！真为你感到骄傲！"），手里还拿着一根能量棒（"你饿了吗？"）。

刚刚完成了猛烈的跳水动作，我的小儿子看上去还有些惊魂未定，但他一眼就看到了我——他的爸爸，于是整个人的神情明显放松了下来，一脸的骄傲自豪。从 8 层楼高的地方滑下来让他获得了满满的成就感。他提出要再滑一次。显然，他知道自己能做到，也知道这个穿着泳裤和西装短袜的男人会在下面等他。他知道有人在全心全意地爱着他。

无条件的爱

这个世界上没有什么绝对的事情。竞争优势理论、多元化、因果报应、群体智慧，这些我曾经以为是绝对真理的东西，都被证明并非如此。那么，究竟有没有什么东西让我能够百分之百确信我的付出不仅有回报，还能有收获呢？

答案就是爱。不过，其中会有细微的差别。达到一个在经济上、情感上和精神上都足够成熟的状态，并且能够全心全意地去爱一个人，而不期待任何的回报，这就是我的绝对真理。

社会的生存法则是进步与繁荣。从长远来看，市场会呈现上升趋势，而每一代人的平均身高都会比上一代人更高。

推动社会进步的动力就在于这些行为本身会带来回报，促使我们继续吃饭、繁衍、相爱。对我们这个物种来说，最重要的不断推动进步的行为就是无条件的爱。社会认同这种行为，并以让我们每个人都能感受到的最深刻的意义感和幸福感来回馈这种爱。

作为一名无神论者，我相信这就是生而为人的全部意义。当我走到生命的尽头时，我会看着孩子们的眼睛，知道我们之间的关联行将结束。但是，没关系，因为爱是我的动力。认识到生命有限是一种幸福，因为它会让你专注于当下，尽情地去爱、去宽恕、去追求。

第三部分 √健康

保持强大

正如亨利·洛奇医生所说，人类是狩猎采集者，所以当我们正在行动并与他人相伴时，我们便会感受到最大的快乐。如前所述，自己出汗与观看别人出汗（比如观看电视上的体育赛事）的时间比例是衡量你成功与否的一个重要标志。你锻炼出汗不是为了塑造肌肉线条，而是要保持身心强大。CEO 最常见的特质是定期锻炼。当你走进任何一间会议室时，你要相信，假如事情变得极其糟糕，你会击败在场所有的人。（提示：不要这样做。）

在工作中，你需要定期展现出自己的身心力量——你的毅力。每周工作 80 个小时，面对压力稳如泰山，用自己的力量和精力解决各种问题。你的同事会看到你的表现。在摩根士丹利，分析师每周都要熬夜工作。我们并不会因此垮掉，反而会愈加强大。可是，随着年龄的增长，这种工作方式会让人筋疲力尽。因此，趁年轻，努力吧！

力量之美

我从小瘦弱，所以一直非常关心自己的身高、体重和整体的力量感。刚到加州大学洛杉矶分校的时候，我身高1.9米，体重83千克。自从加入校赛艇队之后，我开始每天吃三顿饭（主要依赖兄弟会的厨师珍妮的投喂），增加了近14千克的肌肉量。不久之后，我就发现自己健硕的体格引起了女生的注意，这让我心花怒放。从那时起，我便将个人的力量和美与其求偶价值联系在了一起。如今，我的肌肉不再那么发达，但我尚未找到其他让我有安全感和价值感的东西。说实话，我正在努力应对全面衰老的问题。

别为小事烦恼，也别为大事操心

随着年龄的增长，我对自己的情绪、心跳和血压变化越来越敏感。最近，我在伦敦参加了一个创始人论坛（一个面向企业家和创始人的会议）。抵达会场后，我发现自己并不是在全体会议上发言，而是在两个同时进行的分会场中的一个论坛上演讲。我遇到的竞争对手是滴滴出行的总裁柳青。更糟的是，柳青被安排在"琥珀"会议室，而那个房间比我所在的"雪松"会议室可要大得多。我的内心顿时感到有点儿不平衡。

这是我近期参加过的最令人印象深刻的会议之一。我下午2点到达了会场，滴水未进。我近来压力很大，而我压力一大就没了食欲。我开始有点儿头晕，于是在上台前7分钟，我连忙吃了一个苹果，喝了两杯拿铁。然后，我站在台上开始对着观众一顿输出。我一刻不停地讲了30分钟，展示了143张幻灯片。大约演讲到20分钟的时候，音响系统开始出现回音，而我也感受到了心脏早搏（心室过早收缩，即心跳不规律）。心脏跳动不规律的清晰感受让我一阵慌乱。

音响的回音、突如其来的早搏，以及200多双注视着我的眼睛，让我的心率一路飙升。我试图通过看到事情美好的一面让自己冷静下来：如果我在台上晕倒并撒手人寰，那我在优兔上的视频点击量一定暴涨。

随着年龄渐长，我理应能区分大情小事，不再为小事烦恼。然而，事实并非如此。同时差、宿醉一样，压力对我的影响反而随着年龄的增长愈演愈烈。我会觉得前40年的自己就像是一个梦游的傻瓜。虽然傻有傻的好处，但你会因为年龄增长而变得更有思想，开始考虑各种问题。与挣扎在温饱线上或与疾病抗争的数十亿人相比，我的生活的确堪称轻松，可是我依然压力重重。

失控

在过去的 5 年里，我大约做过 400 场演讲，其中约有 1% 的演讲会彻底失控。我会无比焦虑，开始冒汗，声音颤抖，大口喘着粗气，感觉自己立马就要呕吐、晕倒。我在慕尼黑 DLD（数字生活设计）大会上所做的演讲《四骑士》一度大火。这为 L2 带来了诸多好处：一份书约、诸多的咨询以及公司知名度的大幅提升。如今，我每年都在 DLD 大会上做开幕演讲。然而，在 DLD15 大会上，我遭遇了一次突如其来的袭击，差点儿在台上晕倒，不得不弯腰用手撑着膝盖坚持了 30 秒。DLD 的工作人员误以为我心脏病发作，热心地打算送我去医院。他们真是友善。顺便提一下，这场演讲在优兔上的浏览量已经达到了 110 万次。显然，我差点儿中风的迹象在观众眼里并不明显，因为评论区里几乎无人提及。这一点再次证明了无论当时的感觉有多美好或多糟糕，事后来看都没有那么重要。

还有一次，我准备在福克斯节目中讨论特朗普对亚马逊的攻击问题。恰在此时，我收到了一封邮件，得知总统新任命的首席经济顾问拉里·库德洛也会出现在这个节目里。我顿时焦虑起来，特别在意起自己的穿着。不知为何，我把衣柜里能拿出手的衣服全穿在了身上，包括一件连帽衫，最后竟穿了11层。

"战斗或逃跑"的本能开始作祟，我琢磨着如何才能快速平复这种感觉。"哦，对了，我应该喝上一杯……这样可以让我冷静下来。"大多数医生大概会把这种行为称作酒精依赖。但是，我没去附近的熟食店赶紧喝上一两瓶拉古尼塔斯IPA的原因并不是我害怕自己彻底陷入酒精滥用，而是我担心被人看到我在上午9点45分的曼哈顿市区一顿狂饮。简单来说，我没有那么做，结果还算不错。我曾服用过一段时间的β受体阻滞剂[1]，似乎真的缓解了症状。不过，我不想依赖任何药物来维持自己的表现。当然，除非是被我称为"五大食物组"的鲁尼斯塔、咖啡因、西力士、墨式烧烤和烟草。[2] 如果我不是无神论者，我可能会认为"失控"是上帝在警告我不要太过自负。但作为无神论者，我明白这只是恐慌发作，至于根源，我恐怕永远也无法弄清楚。

---

[1] β受体阻滞剂是一类药物，主要用于治疗心血管疾病。——译者注
[2] 鲁尼斯塔是一种用于治疗失眠的处方药，西力士是一种用于治疗男性勃起功能障碍的处方药。作者用幽默的方式把这些物质称作"五大食物组"，讽刺性地暗示它们在他生活中的重要性，尽管它们并非真正的食物。——译者注

可以哭泣

哭泣在物种进化中具有一定的意义，它传递出投降的信号（"请别再对我这样"），引发周围人的同情，还能帮助父母找到孩子。对婴儿来说，哭泣或许是一种应对过度刺激后恢复平静的方式。让幼儿停止哭泣可使用哈维·卡普医生发明的"5S"法——包裹、侧卧、轻声安抚、摇晃和吸吮。（这个方法简直是天才之作。如果不是因为照顾婴儿太累，我真想考虑再要第三个孩子，以便有机会向没有孩子的朋友展示这套"5S"法。）哭泣还能缓解难以处理的复杂情绪所带来的压力。然而，人们常说"男儿有泪不轻弹"，这或许是因为哭泣传递出了"认输"的信号。

在家人身边的哭泣

记得我第一次真正意义上的哭泣发生在我 9 岁那年。那时，我妈妈离开了我和爸爸（她两周后又回来接我）。她来的那天是星期五晚上 8:30，我和爸爸正在观看电视剧《鹈鸪家庭》。那个年代还没有数字录像机。我们俩坐在沙发上，穿着一模一样的橙色毛巾浴袍，一副 20 世纪 70 年代美国中产阶层最奢华的打扮。这些"奢侈品"是我爸爸参加自己所在的国际电话电报公司举办的高尔夫比赛得到的奖品。他给我拿的浴袍虽然是小号，但对一个 9 岁的孩子来说，还是大了至少 8 个号。这套橙色浴袍的胸前绣着一个红色旗杆，上面用绿色的草写字体写着"圆石滩"。我不知道"圆石滩"在哪儿，但我知道重要人物会去那里打高尔夫，所以我觉得我爸爸必然是个重要人物。

在妈妈来接我之前，我根本没有意识到两周前发生的那些不愉快意味着什么。可就在那一刻，我突然明白了。我裹着那件土耳其棉的大浴袍号啕大哭，哭了足足 30 分钟。我爸爸一脸慌张，一个劲儿地对我说："对不起，你要我做什么吗？"我对他说："什么也不用做，我就是很难过。"那是我和爸爸第一次真正意义上的对话。

从 34 岁到 44 岁的这 10 年里，我好像丧失了哭泣的能力。离婚时，我没哭。妈妈去世时，我没哭。我好像忘了怎么哭。我一心扑在事业上，压力巨大。我将自己的身份认同和自我价值感都与事业成功捆绑在了一起，但从来没有因为工作哭过。要知道，我绝对有理由哭上几十次、上百次。有意思的是，从 45 岁起，一件奇怪的事情发生了：我动不动便湿润了眼眶。

我真心觉得这是一件好事。如果说悲伤的哭泣源于对过去的遗憾或者对未来的恐惧，那么幸福的泪水就是对当下某一刻的纯粹回应，仿佛一刻即永恒，整个人沉浸在永恒的幸福之中。幸运的是，近来我的哭泣多半属于后者。我开始放慢脚步，珍惜所有的美好时光：与朋友相聚、与孩子相处，以及（大部分时间）沉浸在电影和电视剧中。《摩登家庭》至少有 1/3 的剧情让我动情，而坐飞机看电影更会让我哭得一塌糊涂。[千万别在飞机上看纪录片《渐冻人生》，你会彻底失控。]

如今在课堂上面对着 170 名 20 多岁的学生，我也时常会哽咽。我以前会觉得很尴尬，告诉自己必须时刻保持冷静。可是，随着年龄的增长，我们会变得更加真实，更能接受不加修饰的情感，以及它们有可能带来的影响。我会觉得多年的累积让我可以这么做。年纪越大越能明白时间有限，所以你更想要停驻在时光中感受所有的真情流露。

大多数的抑郁并非感到悲伤,而是麻木。哭泣,尤其是在亲人身边或想到亲人时的哭泣,反而会让人感到健康与喜悦。光是想到这一点便让我心有戚戚焉。

和谐相处

按美国的标准，我们一家，即我爸爸、我妹妹和我，算不上多亲密。我们不搞烧烤聚会，也不会每天通电话，又或是一起观看体育赛事。但是怎么说呢，我希望大家和谐相处，不要过于亲密。我有一些朋友，虽然他们家人之间走得很近，但往往关系紧张，经常因为一些不好的事情而心力交瘁。反观我们家，大家相处简单，没有戏剧性的冲突，彼此的存在还能为对方的生活增添些许色彩。而且，还有一个额外的好处，那就是除了亲情，我们还彼此喜欢、相处愉快。

在过去的 20 年里，我们每隔几年就会去一趟爸爸最喜欢的地方——卡波。但是，最近一次的行程尤为艰难。爸爸已经老了，他的体重近来减轻了不少，腿部肌肉开始萎缩，连走路都非常困难。我爸爸原本属于那种"永远都不会老"的人，但是突然间连走动都需要有人帮忙，这个变化着实有些令人难以接受。他最珍视的物品是他参加多个 10 公里赛跑时获得的 50~59 岁年龄组的冠军奖牌。他尤其喜欢那张他站在领奖台上，嘴里叼着一根烟庆祝胜利的照片。

我和妹妹从 18 岁起就养成了每周至少锻炼 3 次的习惯。我爸爸虽然常年抽烟，但他也是 10 公里赛跑的冠军。而且，在我们十几岁的时候，他就让我们养成了锻炼的习惯，并一直坚持到了现在。也许，我们每个人终有一天都会需要他人搀扶，但是对我和妹妹来说，因为我爸爸，这一天可能会比大多数人来得晚上几年。

每次旅行的亮点就是我们三个人在海边喝着酒、聊着天。我们的话题总是不可避免地回到我爸爸的前妻（3 个），我妹妹的前男友（那些一离开房间就让气氛变好的家伙）以及我的各种神经质上（真是数不胜数）。这些话题单独来说并没有多么有趣，但是几杯玛格丽塔酒下肚之后，它们就变得超级搞笑。随着细胞的凋亡（这一点任谁也无法避免），我们的认知或身体机能迟早会开始衰退。在大部分的时间里，我们仨都只是安静地坐着。当看到老爸还是那么敏锐和幽默时，我和妹妹都觉得宁可先失去双腿，也不要先丧失记忆。

成为照顾者

照顾他人的人通常更长寿。可以说，你所爱护与照顾的人的数量是预测你寿命长短的最强烈的信号之一。同许多男性一样，我并没有照顾过多少人。我与孩子们相处的时间不少，但他们的妈妈才是他们主要的照顾者。我的"照顾"更多的是一起看英超视频集锦、吃顿铁板烧，或者是向亚马逊的智能语音助手"亚历克萨"询问有关《星球大战》的问题（永远也问不完）。这一次，我带着爸爸往返卡波，并在酒店里照顾他，这是自妈妈生病以来我第一次真正承担起照顾人的责任。我也因此深刻地体会到了政府相关法律法规的重要性，比如《美国残疾人法》。照顾他人虽然疲惫，但也让我收获良多。在照顾他人的过程中，你需要集中精力，善于统筹管理（这些都有益于大脑健康），并富有使命感，比如我要确保爸爸不在旅途中摔倒。

到机场后，我和爸爸说该使用轮椅服务了。他很坦然，甚至还流露出禅

意般的平静。当他被推着通过安检时，他整个人反而有一种不用再操心各种安检琐事的轻松。以往，我们总是忙着问：哎呀，哪个包是我的？鞋呢？啊，什么，我的随身行李中有没有电子烟？在我们的前面还有一个被推着走的人，那是一个两岁的小姑娘。她显然没有我爸爸那么淡定，对被人推着走这件事还不太适应，一直在尖叫。

　　无论过去还是未来，我们每个人都会用到婴儿车或轮椅。推着别人，是为了让他们能与我们一同出行。自由行动的感觉如此美好，所以我们总是希望尽可能地延续这种能力。那个小女孩像大多数孩子一样烦躁不安，因为她还不明白，有人推着她是因为有人爱她，而我爸爸显然对此心知肚明。

活在当下

百岁老人是目前全球人口增长速度最快的群体。那么，如何才能活到100岁呢？答案很简单：良好的基因、健康的生活方式以及关爱他人。爱是长寿的秘诀。我们通常认为基因最重要，好像由此便可以推卸自己对身体的责任，认为一切早已注定。然而，事实并非如此。

生活中的确存在一个不经由我们控制的"X"因素，它会无缘无故地制造悲剧。我在汉普顿的第一个夏天与他人合租时，遇到了两位女性，其中一位刚刚生了一对双胞胎。然而，在一年之内，她们两人相继在40岁出头的年纪因癌症过世。随着年龄增长，我们会遇到诸多的"X"因素，它们让原本应该活着的人们离开了这个世界。我们也会因此调整自己的生活策略与选择。

明天与今天

斯坦福大学的沃尔特·米歇尔教授曾对延迟满足进行研究。他给孩子们提供了一个简单的选择：他们如果能在独处时忍住不吃第一颗棉花糖，就能得到两颗棉花糖。这项研究对这些孩子进行了长期的跟踪调查，结果表明，那些能够抵制诱惑的孩子往往日后更为成功。我们的教育体系和社会文化一向推崇那些能够延迟满足的"好孩子"。很少有父母会对孩子说："我希望你更多地享受当下！"然而，随着时间流逝，我们会遇到越来越多不可预见的"X"因素，并由此反思："为什么要为了一个所谓的更好的明天，而在今天承受如此沉重的压力，而且，当明天到来时，这种压力依旧挥之不去？那个承诺中的'明天'究竟何时才能真正成为'今天'呢？"

我努力地想要活在当下。但是，要做到这一点并不容易。除非是和孩子们在一起，因为他们想要的就是此时此刻……他们就想在今天满足所有的需求。这倒不失为一件好事。我最近一次搭机前往伦敦时遇到了航班延误。一开始，我在机场打电话、查邮件、处理各种事务。突然间，我想，去他的。于是，我走进免税店，买了一堆腌制火腿（入乡随俗嘛），然后到酒吧点了一杯皮尔森啤酒，戴上降噪耳机，一边听着卡尔文·哈

里斯的音乐，一边吃着我最爱的猪肉。我真是太爱猪肉了，简直时时刻刻离不开它。

那一刻，我完全沉浸在当下。之后，我起身朝登机口走去。我穿过了几扇气派的玻璃门，可是门的另一边不是登机口，而是行李传送带。天啊！不知怎么搞的，我竟然离开了登机区和安检区。当每次走过只进不出的安检区时，你都会有一丝犹豫，因为你知道没有回头路。几乎就在一瞬间，我错过了我的航班。也就是在那一刻，我被彻底地拉回了现实。

我们都在寻求一种平衡……寻找那个最佳的状态。我们希望通过延迟满足，为自己、家人和他人创造一个更美好的明天。事实上，你不可能错过太多的航班，因为总有人在终点等着你、依赖你。然而，面对人生中无法掌控的"X"因素，有时表达一下愤怒也有一定的价值。所以，不妨让我们尽情享受美食，偶尔错过那么几次也没关系。

与人为善

我最近一直在思考情感及心理健康问题。小孩和狗之所以在镜头前如此抓人眼球（成人演员经常觉得自己被他们抢了风头），是因为他们完全真实。

在观看纪录片《网络影片大解码》时，你的孩子不会担心躺在你身上有什么不合适或不受欢迎。来自孩子的爱总让人倍感满足，因为它是如此纯粹——没有目的、没有期待，也没有任何的遮掩和伪装。这是一种源自本能的渴望，想要靠近你，感受你的温暖，而你是他们深爱并同时深爱着他们的人。

几分钟后，我的大儿子为了玩足球模拟游戏"FIFA 18"，拒绝了和我一起去洗车的提议。他就是这么真实和直率。昨天，我的小儿子说，当他碰自己的小鸡鸡和看到小狗狗时感到了一种"爱"。这时，一向喜欢和他唱反调的哥哥不停地点头，仿佛弟弟说出了一个普遍真理。

学校教育、纪律和育儿的核心在于，为孩子们建立一套引导和过滤机制，帮助他们步入正轨，避免误入歧途，适应社会，并找到属于自己的正确方向。到了青春期，孩子在父母面前逐渐变得敏感，能够精准地挑出父母言语中的瑕疵，甚至从父母的一举一动中找到不足。随着我们迈入成年，在恋爱、大学和职场中，我们也会不断完善自己的"过滤器"来实现自我成长。

随着年龄的增长，人们会逐渐学会接受"过滤器"中的裂缝。这种容忍带来了一种自由感和宣泄感，让"过滤器"变得更加通透，言行也更加真实自然。在工作中，面对服务人员时，我的"过滤器"扩展得很顺畅。对于那些没有达到我的期望、工作标准或计程车车费要求的人，我会异常坦诚。可以说，直接且具有建设性的反馈意见是非常有价值的。

然而，我的"反馈"意见往往会成为无休止的挑剔。比如，我总是忍不住向那些每年可能靠4万美元养活3个孩子的服务人员抱怨我的客房服务居然花了40分钟。又或者我觉得如果我工作到半夜，那么我手下的那位24岁的员工也应该跟着一起加班。尽管事后我试图通过慷慨的小费来进行弥补，但那也只是事后补偿。不管怎么说，我在高中和大学期间也打过工（做过服务员、代客泊车员和餐厅杂工）。我其实能在每一位服务人员的身上看到自己的影子。所以，给 25% 的小费并不能成为我做出不礼貌行为的借口。不过，我正在改变自己的这种态度。

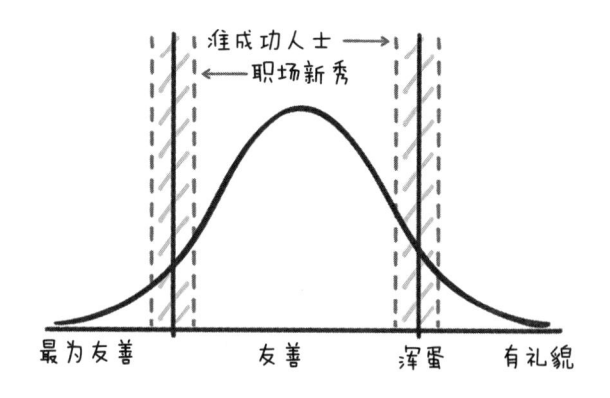

（图：正态分布曲线，标注"准成功人士"、"职场新秀"，横轴从左到右为"最为友善"、"友善"、"浑蛋"、"有礼貌"）

我很早就接触过许多成功人士，我们大都是通过工作认识的，后来我也与其中不少人有了私人交情。我发现成为一个"浑蛋"其实是有迹可循的。那些初入职场、努力谋生的人通常都很友善，他们对人对事也没有太多的期待。我不确定这是因为他们还没有达到财务自由所以表现得为人谦逊，害怕得罪人，还是源于他们个人的价值观，又或是他们中的不少人曾经在服务行业工作过。而那些接近成功的人（我大部分的成年生活都处于这一阶段）的"浑蛋指数"往往会超标。我们会因为无法迈向顶峰而感到不安和愤怒，这种情绪会转化为不切实际的期望和行为，让自己表现得虚张声势，仿佛自己是个不容小觑的大人物。

再往上走，那些超级成功的人反而更友善、更慷慨，举止行为也更得体。电影、电视剧里塑造的亿万富翁的"浑蛋"形象大多是与现实不符的夸张表现。我更相信慷慨和礼貌不仅是成功的信号，也是促成成功的因素之一。当然，我觉得一个人的礼貌得体还取决于其他因素。例如，首先，亿万富翁需要考虑的东西更多。假设你是优步的CEO，如果你对着一位优步的司机耍浑，可想而知，你的行为被曝光后会让你付出多么惨痛的代价（事实如此）。[52] 其次，当一个人认识到自己何其幸运时，他就不太容易变得自私刻薄。而且，随着年龄的增长，你会欣慰地发现自己的"过滤器"在不断更新，比如你会反思自问："我真的需要批评这个人吗？"与此同时，有些东西也会逐渐减弱，你会更加容易且自然地给予他人赞美和认可。

赞美他人

我确定这个世界上没有神，至少不存在摩根·弗里曼或Lifetime有线电视网和福克斯新闻频道所描述的那种神。但是，我又会祈祷。就好像你将目标写下来就能增加其实现的可能性一样，感恩也被证明能够提升健康水平、延长寿命。在心理学研究中，感恩与幸福感始终呈正向关系。感恩能帮助一个人感受到更积极的情绪，享受日常的生活点滴，改善健康状况，应对逆境，并建立牢固的人际关系。[53]

写下你的心愿并表达你的感恩之情实际上就是一种祈祷。我更愿意在他人面前祈祷——坦诚分享我的目标并表达感谢。或者更常见的是，我不吝惜对他人的赞美。年轻时，我总觉得赞美他人是在玩一种零和游戏，承认对方的优点和成就是在贬低自己。如今回头看，那种心态何其狭隘。

对我来说，与孩子们相处和坚持锻炼一直是非常有效的抗抑郁手段。如今，我又多了一项手段：通过欣赏和赞美他人来祈祷。这并不是我在给予他人什么，而是赞美他人让我感受到自己很重要、健康和自信。当然，沉积已久的不安全感很难被彻底消除，所以我还有很长的路要走。

我相信在我们每个人的内心都有很多的善意。只是，我们往往并未将这些善意付诸行动。我们会因为内在的不安全感和恐惧感而没有表达对他人的欣赏和赞美。如果我们任由这些美好的情感被压抑，那么我们无疑是在缩短生命，剥夺自己本应拥有的快乐。在这个世界上，几乎没有什么是绝对的。但是，有一点是肯定的，那就是没有人会在一个人的葬礼上说："他就是太慷慨、太善良、太有爱了。"

真的，没有人。

持续滋养

当一只老鼠每次按下杠杆都会获得奖励时,它就会在饥饿时再次按下杠杆。然而,如果你改变奖励机制——几次按压后没有糖果,接着再一次按压后突然掉出3颗糖果,那么这只老鼠会开始不断地按压杠杆。因此,随机且无法预测的奖励是上瘾的根源。

我沉迷于推特,或者更确切地说,我沉迷于从这个平台上获得的某种认可。但是,天下没有免费的午餐。在追求学术真理(这是每个学者的责任)与迎合吸引眼球的热点之间寻找平衡后,我常常感到一阵空虚和悲哀。我不禁自问:"一个54岁的营销学教授为什么还要在推特上混迹呢?"[54]

老虎机上的拉杆

我们每天都在无意识地拉动生活这台老虎机的拉杆。我的小儿子常常在起床前一个小时,迷迷糊糊地跑进我们的房间。在这个世界上,或许很少有事物能在短短 3 分钟之内将美好变成灾难。当他靠在我身上的时候,我感到了一种完整和美好,一切都富有意义。我再次缓缓入睡,内心充满了"我很重要"的满足感。然而,仅仅 3 分钟过后,我的延髓就会把我唤醒,因为我几乎要窒息了。我得赶紧把这个挂在胸口的"肉袋"挪开,否则我很有可能会一命呜呼。而他呢?我想或者我希望,他在醒来时因为发现身下压着已经死去的父亲而留下难以愈合的心理创伤。我甚至考虑把这个剧情卖给霍尔马克频道。不好意思,我跑题了。

接着,他醒了。他的爸妈满怀期待,心中充盈着由多巴胺带来的喜悦,看着他逐渐苏醒,开始感知周围的世界。他睡眼惺忪地环顾四周,头发乱到不可思议,感官的齿轮正在飞速运转,吸收着新的一天可能带来的新世界。他在判断今天会不会是美好的一天。哦,爸爸在这儿,他爱我,我也好爱他。而后,他扑上来又和我一起多躺了 15 秒,一股幸福感悄然滋长。紧接着,他又瞬间弹起,对我们说他要下楼去找他最好的朋友——他的哥哥。

7 7 7

或者，这正是多巴胺的妙处所在，毫无预兆、没有任何规律可循。他可能突然觉得今天有些不对劲儿，在短短3秒内，就将这种感觉转变为一种笃定。没错，今天一定是个被邪恶力量笼罩的日子，世上一切的美好都受到了威胁，而他那坏脾气成为与之对抗的唯一利器。

6 6 6

这个"小恶魔"张开魔爪，以提问的方式挑起争端："我一定要去踢球吗？我早餐的时候可以吃小熊软糖吗？"接下来的这一天就像是一场人质危机，我不禁怀念起宾·克罗斯比的年代。那个时候，体罚孩子不仅会被接受，甚至还会被认为是一种不错的教养方式。然后，毫无征兆地……这个穿着钢铁侠睡衣的小"恐怖分子"就坐在了我旁边，开始摸我的头，笑着感叹它的触感，还问我一些有关我妈妈的问题："她长得像你吗？你小时候住在大房子里吗？"

除了电子游戏，我的孩子们正在养成其他会让他们上瘾的爱好。有时候，看着他们滋生出某种"爱好"也挺有趣。就在上周末，小儿子走进我们的卧室，挤到了我和他妈妈中间。我留意到他抱着一个大大的圆形物体。一开始，我以为那是个愤怒的小鸟玩偶。我小心地把它从他手里拿了出来。黑暗中，我隐约看见上面有个数字"8"。嘿，他原来抱着一个"魔力8号球"。①

第二天上午，我这个特别具有"霍尔马克频道"风格的儿子出现了。他决定向这个无所不知的"魔力8号球"提出一些重要问题。

- "我爸爸的头发还能长回来吗？"答案：前景不妙。（很难形容我的儿子在听到这个答案时觉得有多好笑。）
- "我妈妈会给我买'FIFA 18'吗？"答案：最好现在不告诉你。

于是，连续三天，我的小儿子就抱着他的"魔力8号球"跑来跑去。随机的答案让他欲罢不能。

孩子们的不可预测性、即时反馈以及时不时给你的甜头，

---

① "魔力8号球"是一款经典的玩具，外形为一个黑色的球体，大小与台球类似，里面有一个充满液体的窗口和一个多面体浮标。玩的人可以对它提问，然后摇动球体，等待浮标显示一个"答案"，比如"是的""不确定""再试一次"等。——译者注

加上父母出于本能对孩子的关注（这关系到物种延续），使得孩子对父母而言，仿佛是一种让人上瘾的"物质"。我大部分时间都在纽约，远离他们。每到星期四，我就开始感到焦虑和沮丧，急需见到他们来"解瘾"。

食、性、孩子——我们天生对这些与物种生存息息相关的事物上瘾。我相信，我的孩子们最终会意识到，他们的父母并不像成瘾物质那样提供短暂的多巴胺快感，而是提供持久的滋养。我们始终是他们生命中稳定而可靠的力量。无论发生什么，我们都会爱他们。这份爱要比这个世界上的任何一种关系都缺少变动。我的两个儿子是否会明白，尽管他们的父母并不完美，但会始终陪伴在他们身边呢？

结语

归根结底,生命中真正重要的是人与人之间的关系。

我妈妈在奥兰治县的国际电话电报公司的秘书组工作时，认识了她最好的朋友埃文斯。埃文斯性格外向、风趣幽默，长相酷似安·玛格丽特。她后来嫁给了一个成功的企业家查理。查理经营着一家印刷公司。他们两口子是我妈妈的挚友。在和我爸爸分开的那段日子里，我妈妈就住在他们家。

　　和他们在一起的那段日子让9岁的我第一次发现：

　　1. 埃文斯是我印象中第一位真正"漂亮"的女人。
　　2. 他们家有很多我们家没有的好东西：一栋俯瞰山谷的大房子、德国汽车、皮草大衣和来自意大利的漂亮枪支。埃文斯还有一条金箍腰带，上面镶嵌着24枚价值10美元的印第安人头像鹰扬金币。他们有着我之前从未见过或留意过的很多东西。他们是真有"钱"。

  3. 埃文斯和查理没有孩子，他们经常举办妙趣横生的派对，你会看见一众衣着时髦的男男女女喝得酩酊大醉。他们随着乐队的现场演奏翩翩起舞。查理看上去还认识乐队主唱。天啊，他们可真是太"酷"了。

  我上高中时，查理时常带我去他的公司吃午餐。跟着他，我开始理解工作和挣钱的意义，并将工作与那些金币、在派对上听现场音乐的人以及俯瞰圣费尔南多山谷的美好生活联系在了一起。

  查理显然走在时代前列。他很快就预见到印刷行业会发生巨变。于是，他大胆采用新技术，用电脑取代了以往的排版方式。然而，由于电脑技术在最初阶段并不成熟，因此他付出了巨大的代价，不得不彻底改变公司的运营模式。结果，他经营了30年的公司在两年之内宣布倒闭。公司破产让查理和埃文斯遭遇了严重的财务危机。同许多婚姻一样，经济压力带来了灾难性的后果。有一天，埃文斯告诉查理，她要离开他。

不久后，查理因所谓的精神崩溃住进了医院。在那个年代，"抑郁症"这三个字尚未被世人熟知。出院后，查理说冰箱里的哈根达斯冰激凌吃完了，让埃文斯去趟超市。埃文斯离开后，查理走进车库，给一把古董步枪装上子弹，将枪口对准自己的胸口，扣动了扳机。最终，有400多人出席了他的葬礼。显然，他深受人们爱戴。我记得现场有一幕：上百人在哭泣，查理与他前妻所生的3个成年儿子更是哭到不能自已，埃文斯则穿着齐膝皮靴，面带微笑地迎接每一位前来悼念的人。

查理去世后不久，埃文斯经历了几次失败的背部手术，开始对阿片类药物上瘾。她依然与我妈妈关系密切。我妈妈生病后，埃文斯突然有一天出现在了妈妈家的门口，她说要来照顾自己最好的朋友。她从圣迭戈一路开到了拉斯维加斯。我帮她从那辆亮黄色的科尔维特跑车里搬出了所有的东西：两个假冒的路易威登包、一只马耳他犬和7瓶1升装的尊尼获加红牌威士忌。

在我妈妈重病之际，埃文斯的确做了很多我无法做到的事，比如帮我妈妈洗澡、换衣服。她每晚都会为我们准备热袋速食饼。而且，她还会勾引30多岁的维修工，每隔三四天就喝掉1升的威士忌。按照这个量推算，我觉得埃文斯对我妈妈的预判大概是还能活一个月，因为到时候她的威士忌差不多就该喝完了。

妈妈去世后，埃文斯问我能否关照她。我曾一个月给她打一次电话，可惜我只坚持了差不多6个月。我那时的生活一团乱麻，竟然连给妈妈临走前帮她洗澡的密友打个电话的时间都没有。我真是自私透顶。

两年后，我接到电话，得知埃文斯去世了。她因为找不到交通工具去取止痛药，产生了严重的戒断反应，最终导致心脏衰竭。她的遗产律师告诉我，我是她唯一的遗产继承人（"遗产"在这里的含义相当宽泛）。即便如此，它依然不是我应得的。或许，就像身体上的牵涉痛一样，她将对我妈妈的爱以另一种方式转移到了我的身上。

我拿到了那条镶嵌着鹰扬金币的腰带。我决定留着它，以防哪天真有什么事，比如遭遇世界末日，我至少可以搭车去爱达荷州，用金币换取枪支、黄油，并在地下掩体中避难几天。谁知道呢？

我把那条腰带藏了起来。这其实不是一个好主意，因为即使不特意藏起来，我也会弄丢1/3的物品。后来有好些年，我再也没看到那些金币。直到有一天，我的好朋友亚当问我，是否知道我送给他的一个抽屉里有一些廉价的首饰和一条俗气的金箍腰带。我告诉他那可不是什么廉价饰品，那条腰带可能价值数万美元。结果，亚当说他 13 岁的儿子每天都把那条腰带当作项链带去学校，因为他觉得那样会让自己看上去更像一名说唱歌手。再后来，亚当把那条腰带还给了我。

埃文斯和查理一度是我认识的人当中最让我艳羡的对象。他们曾经风光无限，但最终都孤独离世。埃文斯后来对药物上瘾，她唯一的家人或朋友就只有我的妈妈。而查理因为病得太重，没能感受到家人对他的爱。我曾经也对很多事情上瘾，痴迷于事业成功所带来的那种认同感和经济上的成就感。然而，看着那条金箍腰带，我感到自己需要在人际关系上有更多的投入，因为也许到头来，这会是我唯一剩下的东西。归根结底，我们真正拥有的且真正重要的，不过是人与人之间的关系。

致　谢

我很高兴因为这本书,昔日的工作伙伴又欢聚一堂。我的经纪人吉姆·莱文始终是我的坚实后盾。他不仅帮我行进在正确的道路上,还不断给予我支持和启发。我的编辑尼基·帕帕多普洛斯这辈子忙着督促我努力完成创作,大概下辈子会成为一名兽医。不过,无论怎样,她始终都是那么温柔、坚定。

我的同事凯瑟琳·狄龙犹如我职业生涯中的磐石,而凯尔·斯卡隆为了帮助我将书中的一些概念变得生动、具体,牺牲了不少自己的晚间和周末时光。玛丽亚·佩特洛娃运用她的第四门语言技能,让我的母语表达变得更加流畅。

还有贝娅塔,谢谢你为整个家带来的幸福喜乐。我爱你!

注　释

引言

1. Ingraham, Christopher. "Under 50? You Still Haven't Hit Rock Bottom, Happiness-wise." *Wonkblog* (blog), *Washington Post,* August 24, 2017. https://www.washingtonpost.com/news/wonk/wp/2017/08/24/under-50-you-still-havent-hit-rock-bottom-happiness-wise.
2. 临床抑郁症是一个超出我专业领域的问题，我无法深入讨论。
3. Cohen, Jennifer. "Exercise Is One Thing Most Successful People Do Everyday." *Entrepreneur,* June 6, 2016. https://www.entrepreneur.com/article/276760.
4. Rampell, Catherine. "Money Fights Predict Divorce Rates." *Economix* (blog), *New York Times,* December 7, 2009. https://economix.blogs.nytimes.com/2009/12/07/money-fights-predict-divorce-rates.
5. Carnevale, Anthony P., Tamara Jayasundera, and Artem Gulish. *America's Divided Recovery: College Haves and Have-Nots.* Georgetown University Center on Education and the Workforce, 2016. https://cew.georgetown.edu/cew-reports/americas-divided-recovery.
6. Khanna, Parag. "How Much Economic Growth Comes from Our Cities?" World

7. Martin, Emmie. "Here's How Much Money You Need to Be Happy, According to a New Analysis by Wealth Experts." CNBC Make It, November 20, 2017. https://www.cnbc.com/2017/11/20/how-much-money-you-need-to-be-happy-according-to-wealth-experts.html.

Economic Forum, April 13, 2016. https://www.weforum.org/agenda/2016/04/how-much-economic-growth-comes-from-our-cities.

8. Csikszentmihalyi, Mihaly. 2004. "Flow, the Secret to Happiness." Filmed February 2004 in Monterey, CA. TED video, 18:55. https://www.ted.com/talks/mihaly_csikszentmihalyi_on_flow.

9. Hafner, Peter. "The Top 3 Benefits of Investing in the Markets Early." *Active/Passive*, CNBC, September 12, 2017. https://www.cnbc.com/2017/09/12/the-top-3-benefits-of-investing-in-the-markets-early.html.

10. 1 Second Everyday home page, https://1se.co.

11. Schülke, Oliver, Jyotsna Bhagavatula, Linda Vigilant, and Julia Ostner. "Social Bonds Enhance Reproductive Success in Male Macaques." *Current Biology* 20 (December 21, 2010): 2207–10. https://bit.ly/2vvjq95.

12. Mineo, Liz. "Good Genes Are Nice, but Joy Is Better." *Harvard Gazette*, April 2017. https://news.harvard.edu/gazette/story/2017/04/over-nearly-80-years-harvard-study-has-been-showing-how-to-live-a-healthy-and-happy-life.

13. Norton, Amy. "People Overestimate the Happiness New Purchases Will Bring." HealthDay.com, January 25, 2013. https://consumer.healthday.com/mental-health-information-25/behavior-health-news-56/people-overestimate-the-happiness-new-purchases-will-bring-672626.html.

14. Mosher, Dave. "Holding a Baby Can Make You Feel Bodaciously High—and It's a Scientific Mystery." *Business Insider*, November 15, 2016, https://www.businessinsider.com/baby-bonding-oxytocin-opioids-euphoria-2016-10.

15. Firestone, Lisa. "Forgiveness: The Secret to a Healthy Relationship." *Huffington Post*, October 15, 2015. https://www.huffpost.com/entry/forgiveness-the-secret-to-a-healthy-relationship_b_8282616.

第一部分　成功

16. Vo, Lam Thuy. "How Much Does It Cost to Raise a Child?" *Wall Street Journal,* June 22, 2016. http://blogs.wsj.com/economics/2016/06/22/how-much-does-it-cost-to-raise-a-child.

17. Fishbein, Rebecca. "It Could Cost You $500K to Raise a Child in NYC." *Gothamist,* August 19, 2014. http://gothamist.com/2014/08/19/condoms_4life.php.

18. Anderson, Jenny and Rachel Ohm. "Bracing for $40,000 at New York City Private Schools," *New York Times,* January 29, 2012, http://www.nytimes.com/2012/01/29/nyregion/scraping-the-40000-ceiling-at-new-york-city-private-schools.html.

19. Pollan, Michael. *How to Change Your Mind: What the New Science of Psychedelics Teaches Us About Consciousness, Dying, Addiction, Depression, and Transcendence.* New York: Random House, 2018.

20. "Get Your Sh** Together: NYU Professor's Response to Student Who Complained After He Was Dismissed from Class for Being an Hour Late Takes Web by Storm." *Daily Mail,* April 14, 2013. https://www.dailymail.co.uk/news/article-2308827/Get-sh-t-NYU-professors-response-student-complained-dismissed-class-hour-late.html.

21. "#67 John Malone." *Forbes,* January 15, 2019. https://www.forbes.com/profile/john-malone/#349608415053.

22. Richards, Carl. "Learning to Deal with the Impostor Syndrome." *Your Money* (blog), *New York Times,* October 26, 2015. https://www.nytimes.com/2015/10/26/your-money/learning-to-deal-with-the-impostor-syndrome.html.

23. Page, Danielle. "How Impostor Syndrome Is Holding You Back at Work." *Better* (blog), NBC News, October 26, 2017. https://www.nbcnews.com/better/health/how-impostor-syndrome-holding-you-back-work-ncna814231.

24. Vozza, Stephanie. "It's Not Just You: These Super Successful People Suffer from Imposter Syndrome." *Fast Company,* August 9, 2017. https://www.fastcompany.com/40447089/its-not-just-you-these-super-successful-people-suffer-from-imposter-syndrome.

25. Galloway,Scott. "Enter Uber." *Daily Insights*, Gartner L2, June 16, 2017. https://

www.l2inc.com/daily-insights/no-mercy-no-malice/enter-uber.

26. Sundby, Alex. "Bank Execs Offer Head-Scratching Answers." CBS News, January 14, 2010. http://www.cbsnews.com/news/bank-execs-offer-head-scratching-answers.

27. Kleintop, Jeffrey. "Where's the Next Bubble?" *Market Commentary* (blog), Charles Schwab, July 10, 2017. https://www.schwab.com/resource-center/insights/content/where-s-the-next-bubble.

28. "5 Steps of a Bubble." *Insights* (blog), Investopedia, June 2, 2010. http://www.investopedia.com/articles/stocks/10/5-steps-of-a-bubble.asp.

29. "Brad McMillan: Similarities Between 2017 and 1999," June 30, 2017, in *Your Money Briefing*. Podcast, MP3 audio, 5:55. http://www.wsj.com/podcasts/brad-mcmillan-similarities-between-2017-and-1999/0EB5C970-1D74-4D6C-A7C8-1C8D7D08EC8B.html.

30. "25 Best Paying Cities for Software Engineers," Glassdoor. https://www.glassdoor.com/blog/25-best-paying-cities-software-engineers.

31. Galloway, Scott. *The Four*. New York: Portfolio, 2017. https://www.penguinrandomhouse.com/books/547991/the-four-by-scott-galloway.

32. Gustin, Sam. "Google Buys Giant New York Building for $1.9 Billion." *Wired*, December 22, 2010, https://www.wired.com/2010/12/google-nyc.

33. "An Insight, an Idea with Sergey Brin." Filmed January 19, 2017, in DavosKlosters, Switzerland. World Economic Forum Annual Meeting video, 34:07. https://www.weforum.org/events/world-economic-forum-annual-meeting-2017.

34. Galloway, Scott. "Silicon Valley's Tax-Avoiding, Job-Killing, Soul-Sucking Machine." *Esquire*, February 8, 2018.

第二部分　爱

35. Hollman, Laurie, PhD. "When Should Children Sleep in Their Own Beds?" *Life* (blog), *HuffPost*, November 3, 2017. https://www.huffpost.com/entry/when-should-children-slee_b_12662942.

36. "SIDS and Other Sleep-Related Infant Deaths: Expansion of Recommendations for a Safe Infant Sleeping Environment." *Pediatrics* 128, no. 5 (November 2011). http://pediatrics.aappublications.org/content/128/5/1030?sid=ffa523b4-9b5d-492c-a3d1-80de22504e1d.
37. Murray Buechner, Maryanne. "How to Parent Like the Japanese Do." *Time*, July 17, 2015. http://time.com/3959168/how-to-parent-like-the-japanese-do.
38. Greene, Mark. "Touch Isolation: How Homophobia Has Robbed All Men of Touch." Medium, August 7, 2017. https://medium.com/@remakingmanhood/touch-isolation-how-homophobia-has-robbed-all-men-of-touch-239987952f16.
39. Keltner, Dacher. "Hands On Research: The Science of Touch." *Greater Good*, September 29, 2010. https://greatergood.berkeley.edu/article/item/hands_on_research.
40. Galloway, Scott. "L2 Predictions Instagram Will Be the Most Powerful Social Platform in the World." November 26, 2014. L2inc video, 1:24. https://www.youtube.com/watch?v=9bF9PF0Yvjs&feature=youtu.be&t=43.
41. Heshmat, Shahram, PhD. "Why Do We Remember Certain Things, But Forget Others?: How the Experience of Emotion Enhances Our Memories." *Psychology Today,* October 2015. https://www.psychologytoday.com/blog/science-choice/201510/why-do-we-remember-certain-things-forget-others.
42. Whiting, David. "O.C. Divorce Rate One of Highest in Nation." *Orange County Register,* June 25, 2012. http://www.ocregister.com/2012/06/25/ocdivorce-rate-one-of-highest-in-nation.
43. Galloway, Scott. "Cash & Denting the Universe." *Daily Insights*, Gartner L2, May 5, 2017. https://www.l2inc.com/daily-insights/no-mercy-no-malice/cash-denting-the-universe.
44. Kahneman, Daniel. *Thinking, Fast and Slow.* New York: Farrar, Straus and Giroux, 2011.
45. Editorial. "6,686: A Civic Disgrace." *San Francisco Chronicle,* July 3, 2016. http://projects.sfchronicle.com/sf-homeless/civic-disgrace.
46. Hudack, Mike. "San Francisco: Now with More Dystopia." *Mike Hudack* (blog). October 1, 2017. https://www.mhudack.com/blog/2017/10/1/san-francisco-now-with-more-dystopia.

47. https://qz.com/563375/all-the-philanthropic-causes-near-and-dear-to-the-hearts-of-mark-zuckerberg-and-priscilla-chan.

48. Galloway, Scott. "Prof Galloway's Career Advice." August 31, 2017. L2inc video, 3:54. https://www.youtube.com/watch?v=1T22QxTkPoM&t=5s.

49. Elliott, Christopher. "Your Airplane Seat Is Going to Keep Shrinking." *Fortune,* September 12, 2015. http://fortune.com/2015/09/12/airline-seats-shrink.

50. Petersen, Gene. "Why You Might Not Actually Need Premium Gas." *Consumer Reports,* May 7, 2018. https://www.consumerreports.org/fuel-economy-efficiency/why-you-might-not-actually-need-premium-gas.

51. Close, Kerry. "The 1% Pocketed 85% of Post-Recession Income Growth." *Time,* June 16, 2016. http://time.com/money/4371332/income-inequality-recession.

第三部分　健康

52. Newcomer, Eric. "In Video, Uber CEO Argues with Driver Over Falling Fares." *Bloomberg,* February 28, 2017. https://www.bloomberg.com/news/articles/2017-02-28/in-video-uber-ceo-argues-with-driver-over-falling-fares.

53. Harvard Health Publishing. "Giving Thanks Can Make You Happier," Healthbeat. https://www.health.harvard.edu/healthbeat/giving-thanks-can-make-you-happier.

54. Galloway, Scott (@profgalloway). https://twitter.com/profgalloway.